高等院校环境艺术设计专业实训教材

城市公共设施设计与表现

彭军　高颖　编著

天津大学出版社
TIANJIN UNIVERSITY PRESS

图书在版编目（CIP）数据

城市公共设施设计与表现／彭军，高颖编著. —天津：天津大学出版社，2016.1（2020.1重印）
高等院校环境艺术设计专业实训教材
 ISBN 978-7-5618-5513-3

Ⅰ.①城… Ⅱ.①彭…②高…Ⅲ.①城市公用设施-环境设计-高等学校-教材 Ⅳ.①TU984

中国版本图书馆CIP数据核字（2015）第321443号

出版发行：天津大学出版社

地址：天津市卫津路92号天津大学内

电话：发行部 022-27403647

　　　编辑部 022-27406416

邮编：300072

印刷：北京信彩瑞禾印刷厂

经销：全国各地新华书店

开本：210㎜×285㎜

印张：9

字数：236千字

版次：2016年1月第1版

印次：2020年1月第2次

定价：60.00元

前言

城市公共设施是与人们日常生活密切相关的、一种发挥城市功能的户外设施，是公共景观环境中不可或缺的元素，是城市景观设计的细节体现。城市景观中公共设施的配置、完善与演变体现了人类的文明程度，具有文化性、多元性、特定性的设计特点。

现代城市景观的公共设施设计是伴随着大工业生产的兴起、现代设计的诞生而发展起来的。如今生产过程逐渐实现了机械化、自动化，自动装置、计算机装置被广泛应用，新材料、新科技不断涌现，人们的公共空间领域也不断扩展，随即发展出了与之配套的诸如饮水机、路灯、指示牌和设计新颖的公共自助系统、电话亭、公共汽车站、儿童游乐设施等等。如今公共设施装点着城市景观环境的每个角落，体现了人文关怀和人类文明的发展。

天津美术学院环境与建筑艺术学院于1998年设立景观艺术设计方向，于2002年开设公共设施设计课程，一直致力于研究公共设施设计的专业属性，结合人类心理学、行为学、美学、色彩学等多学科知识，依照城市公共设施设计的特点展开系统教学与设计实践工作。2007年，景观艺术设计被评为天津市的精品课程，城市公共设施设计是其中的重要内容。作为环境艺术设计专业的主干必修课程，《城市公共设施设计与表现》一书正是我院多年来的教学经验与设计实践的总结。本教材力求从彰显当代城市景观的公共设施之美入手，尤其着眼于艺术设计院校所特有的艺术性、实用性、多元性、创新性等方面在景观设施设计中的体现。

本教材包括绪论、城市公共设施分析、城市公共设施设计、国外城市公共设施实例、课程设计作品赏析五个部分，几乎涵盖了公共设施设计创作的各个环节，系统而全面地阐述了公共设施设计的相关概念，公共设施的构成，公共设施的分类，公共设施的功能，分类归纳讲解了景观桥、围墙、公共座椅、指示设施、照明设施、电话亭、入口大门、垃圾箱、护栏、自行车存车棚、景观小品、候车亭、景观雕塑、游戏与健身设施等公共设施设计。

本教材在编写过程中遵循艺术设计教学的规律，突出教学的实训性，详尽地阐述了基础知识，又通过笔者在国外实地考察城市公共设施所拍摄的实例直观地讲述景观设施设计的方法与技巧，并选编了大量学生的设计手绘习作。本教材注重理论联系实际，结构紧凑、言简意赅，既可作为高等院校建筑、规划、园林、景观设计、环境艺术等相关专业的教材以及学生的参考用书，又可作为社会相关领域的专业设计人员和业余爱好者的参考读物。

这套高等院校环境艺术设计专业实训教材是天津美术学院环境与建筑艺术学院老师教学研究与课程实践的阶段性总结，亦是本院近年来在专业教学改革、教材建设方面的阶段性工作成果。鉴于编者水平有限，本书在教材的深度和创新方面还有很多不足之处，衷心希望得到同行专家、兄弟院校的指导和广大读者的建议，以促进国内相关专业教学的革新与进步。

天津美术学院环境与建筑艺术学院 院长

教授

2015年11月

目录

绪论

公共设施最早可追溯到上古时代祭祖祭天的公共场所，古希腊、古罗马时期的城市给排水系统、古奥林匹克竞技场（见图0-1、0-2）等都属于当时的公共设施。后来随着城市的发展，具有现代意义的城市兴起以后，公共设施更加普及。人们在渴望现代物质文明的同时，也渴望精神文明的滋润，公共设施的人性化设计不仅给人们带来了生活上的便捷，而且也满足了人们的社会尊重需求，更让人们在使用中体会到一种惬意与自在。

图0-1

图0-2

图0-3

城市公共设施的分布包括公共绿地、广场、道路和休憩空间等处。公共设施设计的着眼点在于研究公共空间、城市环境、现代人三者之间的关系，具体的探求对象为由空间、行为及设施要素组成的行为场所（见图0-3）。

公共设施通常体量较小、色彩单调，与那些喷泉瀑布、亭台楼阁、人造假山、珍奇树种相比似乎并不是造景的主体，然而，公共设施却是构成城市环境的主要内容，正是这些设施小品起着协调人与环境的关系的作用，成为使空间环境生动起来的关键因素。设计师充分考虑公共设施的物质使用功能和精神功能，提高其整体艺术性，这样的精心处理提高了整个空间环境的艺术品质，更能体现一个城市特有的人文精神与艺术内涵（见图0-4）。

图0-4

图0-5

随着社会的发展，公共设施的品种和数量也会越来越多。公共设施通常包括建筑小品雕塑、壁画、亭台、楼阁、牌坊等；生活设施包括座椅、电话亭、邮箱、邮筒、垃圾桶等；道路设施包括车站牌、街灯、防护栏、道路标志等。公共设施具有美化环境、标示区域、提高整体环境品质等功能（见图0-5）。

优秀的公共设施设计可以协调城市要素的矛盾与其中的不和谐，使城市空间变得亲切并适宜停留。公共设施在设计中首先要考虑功能性，无论是在实用上还是在精神上都要满足人们的需求。在设计公共设施时，要树立"以人为核心，为人而设计"的理念，注重人性化的公共设施更为人们所称道（见图0-6）。

图0-6

图0-7

图0-8

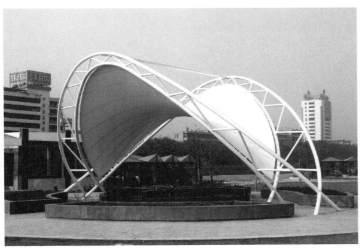

图0-9

公共设施设计应注重其在城市造景中的形式美作用，不仅可以增加生活情趣，而且可以体现设计者的设计理念和艺术造诣。公共设施要参与城市景观构成，是景观规划的一部分，它的创意与视觉意象直接影响着城市整体空间的规划品质，是城市建设不可或缺的构成元素。公共设施设计应当与城市景观和谐一致，相辅相成，既要丰富城市景观文化的内涵，又要创造优美的环境（见图0-7）。

公共设施设计必须具有独特的个性，包括对所处的区域环境的历史文化和时代特色的反映，应吸取当地的艺术语言符号，尽可能采用当地的材料和制作工艺，创造出具有一定本土意识的环境艺术品（见图0-8）。

公共设施设计同样要体现生态性，尽量采用可再生材料，逐步引导和加强人们的生态保护观念。应该考虑选择对环境影响小的原材料，尽可能减少原材料的浪费，优化加工制造技术，降低使用阶段对环境的不利影响，优化产品的使用寿命及产品的报废率（见图0-9）。

公共设施设计应该能够使游人产生精神层面的共鸣，要注重地方传统，强调历史文脉饱含的记忆、想象、体验和价值等因素。一处优秀的公共设施设计常常能够成就独特的、引人神往的意境，成为室外环境中的一个情感亮点（见图0-10）。

图0-10

第一章 城市公共设施分析

一、公共设施的概念和构成

公共设施是指在城市公共环境或街道社区中为人们活动提供有一定质量保障的各种公用服务系统以及相应的识别系统，是城市空间中统筹规划的具有多项功能的共享设施（见图1-1～图1-8）。

图1-1

图1-2

图1-3

图1-4

图1-5

图1-6

图1-7

图1-8

　　常见的城市公共设施体量虽小，然而却应同时具备功能性、美观性、地域性等特征。它们不是单独存在的，其设置应与所处的大环境相融合、相协调，所以公共设施包含了内涵、形象、关系三个层面的内容。

（一）内涵

　　内涵是指公共设施在文化价值方面的内在取向（见图1-9～图1-12），主要体现在三个方面。

　　（1）公共设施因时、地和使用者的差异而表现出不同的个性。

　　（2）公共设施的社会地位及其在相关历史、文化、民俗、经济、政治等方面的内在含义。

　　（3）公共设施所凝聚的美学意义。

图1-9

图1-10

图1-11

图1-12

（二）形象

形象是指公共设施给人的视觉效果（见图1-13～图1-16），主要包括以下三个方面。

（1）公共设施有直观的、为人感官所能够感知的外在特征，如材料、肌理、色彩、尺度、空间布局、整体与局部的处理等。

（2）公共设施的安全性与舒适性。

（3）公共设施的耐久性。

图1-13

图1-14

图1-15

（三）关系

这是指公共设施与其他环境要素的协调关系，包括公共设施的单体或群组与周围环境、建筑的空间关系以及与所在场所的综合意象等。在公共设施的构成中，内涵是公共设施的灵魂，关系是公共设施的骨骼，形象是公共设施的肌肤（见图1-17～图1-20）。

图1-16

图1-17

图1-18

图1-20

图1-19

二、公共设施的分类特性

任何领域不同的分类都可导致不同的分类结果，公共设施大致有宏观、微观两种分类方法。

（一）宏观分类

公共设施系统包含硬件和软件两方面的内容。

1. 硬件公共设施

硬件公共设施是指人们在日常生活中经常使用的一些基础设施，包含五个系统。

（1）信息交流系统，如小区示意图、公共标识、留言板、阅报栏、街头钟等（见图1-21、图1-22）；

（2）交通安全系统，如照明灯具、交通信号灯、停车场、消防栓等（见图1-23、图1-24）；

（3）休闲娱乐系统，如饮水装置、公共厕所、垃圾箱、电话亭、健身设施、游乐设施、景观小品等（见图1-25、图1-26）；

（4）商品服务系统，如售货亭、自动售货机、银行自动存取点等（见图1-27、图1-28）；

（5）无障碍系统，如建筑、交通、餐饮、通信系统中供残疾人或行动不便者使用的有关设施或工具（见图1-29、图1-30）。

2. 软件公共设施

软件公共设施是指为了使硬件设施能够协调工作，为社区居民更好地服务而与之配套的智能化管理系统。

图1-21

图1-22

图1-23

图1-24

图1-25

图1-26

图1-27

（1）安全防范系统，如闭路电视监控、可视对讲、出入口管理等。

（2）信息管理系统，如远程抄收与管理、公共设备监控、紧急广播、背景音乐等。

（3）信息网络系统，如电话与闭路电视、宽带数据网及宽带光纤接入网等。

（二）微观分类

从公共设施的功能出发，可将其分为实用型、装饰型和综合功能型三大类，并在此基础上继续划分。

1. 实用型公共设施

这类公共设施包括道路环境、活动场所和设施小品三类，是以应用功

图1-28

图1-29

图1-30

能为主而设计的，体现了公共设施功能强大、经久耐用等特点。

（1）道路环境由步行环境和车辆环境组成，主要包括人行道、游路、车行道、停车场等（见图1-31、图1-32）。

（2）活动场所包括游乐场、运动场、休闲广场等（见图1-33、图1-34）。

（3）设施小品即照明灯具、休息座椅、亭子、公共停靠站、垃圾箱、电话亭、洗手池等（见图1-35、图1-36）。

图1-31

图1-32

图1-33

图1-34

图1-35

2. 装饰型公共设施

这类设施是以街道小品为主，又分为雕塑小品和景观小品两类，是以装饰需要为主而设置的，都具有美化环境、赏心悦目的特点，体现了硬质景观的美化功能。

（1）现代雕塑作品的种类、材质、题材都十分广泛，已经逐渐成为现代城市景观设计的重要组成部分（见图1-37、图1-38）。

图1-36

（2）景观小品即园林绿化中的假山置石、景墙、花架、花盆等（见图1-39、图1-40）。

3. 综合功能型公共设施

一些公共设施同时具有实用性和装饰性的特点。这类具有综合功能的公共设施体现了形式与功能的协调统一，在现代城市景观设计中被广泛应用。如灯具、洗手池、座凳、亭子等，既具有使用功能，也有美化装饰作用；装饰小品中的假山、花架、喷泉等，既是观赏的对象，也是人们的休憩游玩之处（见图1-41、图1-42）。

图1-37

图1-38

图1-39

图1-40

图1-41　　　　　　　　　　　　　图1-42

三、公共设施的功能特性

公共设施的功能具有五个特性：公共性、感知性、环境性、装饰性、复合性。

（一）公共性

对于公共设施而言，其服务对象不是设计师个人或少数人，而是普通社会大众，其设计应关注在民族、时代、社会环境中形成的共同美感以及客观存在的普遍艺术标准，将真正的功能之美转化为促进大众积极向上的精神力量（见图1-43、图1-44）。

图1-43

图1-44

图1-45

图1-46

图1-47

（二）感知性

感知性是指公共设施的功能特性能因其外在因素为受众所感知，人们通过其形状、色彩、质感、体量、特征等信息来理解和操作设施。所以公共设施应该让使用者一看就明白它的功能及操作方式（见图1-45、图1-46）。

（三）环境性

环境性是指公共设施通过其形态、数量、空间布置方式等对环境予以补充和强化的功能特性。作为特定信息的载体，公共设施在人与环境的交流中无疑起着重要的媒介作用（见图1-47、图1-48）。

图1-48

图1-49

图1-50

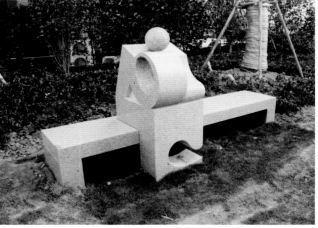

图1-51

（四）装饰性

装饰性是指公共设施以其形态对环境起到烘托和美化作用的功能特性，可以是单纯的艺术处理，也可以与环境特点相呼应及对环境氛围进行渲染（见图1-49、图1-50）。

（五）复合性

公共设施可以把多种功能集于一身，如花坛既是景观小品，具有装饰功能，同时也可以结合座凳进行设计，具有休息功能（见图1-51、图1-52）。

图1-52

第二章 城市公共设施设计

一、景观小品

景观小品是指既有功能要求，又具有点缀、装饰和美化作用的，从属于某一建筑空间环境的小体量建筑，是游憩观赏设施和指示性标志物等的统称。景观小品按其功能分为四类。

（一）供休息的小品

此类景观小品包括各种造型的亭廊、花架等。

1. 亭（见图2-1～图2-6）

（1）作用：可以满足人们在旅游活动中的休憩、停歇、纳凉、避雨、极目眺望之需。

（2）造型：结合具体地形，将娇美轻巧、玲珑剔透的形象与周围的建筑、绿化、水景等相结合，构成园林一景。

（3）材料：包括竹、木、石、砖瓦等地方性传统材料，钢筋混凝土，兼有轻钢、铝合金、玻璃钢、镜面玻璃、充气塑料等新材料。

（4）位置：亭子可设在道路末端或旁边，特别是视野开阔处与花园中心的显要处，或在水边、林内，或附设在建筑物旁。

图2-1

图2-2

图2-3

图2-4

图2-5

图2-6

2. 廊架

廊架具有遮阳、防雨、小憩等功能，是建筑的组成部分，也是构成建筑外观特征和划分空间格局的重要手段。如围合庭院的回廊对庭院空间的处理、体量的美化十分关键；园林中的廊则可以起到划分景区、形成空间变化、增加景深和引导游人的作用（见图2-7～图2-12）。

图2-7

图2-9

图2-8

图2-10

图2-11

图2-12

3. 花架

花架顶部多由格子条构成，是常配置攀缘性植物的一种庭园设施（见图2-13～图2-18）。

（1）用途：可分隔景物，联络局部，起遮阳、休憩的作用；可作为庭园主景，也可代替树林作为背景；其上攀缘鲜艳的花卉，可作为主景观赏。

（2）材料：包括竹木花架、钢花架、砖石花架、混凝土廊架（柱）等。

图2-13

图2-14

图2-15

图2-16

图2-17

图2-18

（二）装饰性小品

装饰性小品包括各种固定的和可移动的花钵、饰瓶，可以经常更换花卉，如具有装饰性的花钵、水缸；景墙、景窗等，在园林中可以起到点缀作用（见图2-19～图2-24）。

图2-19

图2-20

图2-21

图2-22

图2-23

图2-24

（三）结合照明的小品

此类园灯的基座、灯柱、灯头都有很强的装饰作用（见图2-25～2-30）。

（四）服务性小品

服务性小品包括为游人服务的饮水泉、洗手池、时钟塔等；保护园林设施的栏杆、格子垣、花坛绿地的边缘装饰等（见图2-31～图2-34）。

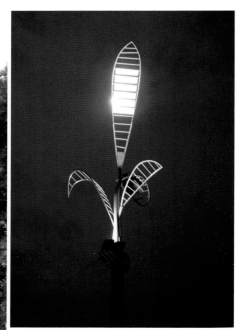

图2-27

图2-25

图2-26

图2-28

图2-29

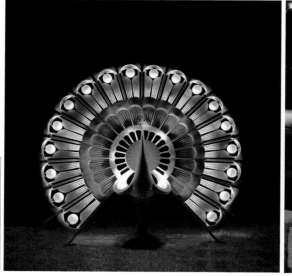

图2-30

图2-31

图2-32

图2-33

图2-34

（五）景观小品设计原则

景观小品具有精美、灵巧和多样化的特点，在设计创作时应力争做到"景到随机，不拘一格"，在有限的空间中得其天趣。

（1）添其意趣：根据自然景观和人文风情提出景点中小品的设计构思。

（2）合其体宜：选择合理的位置和布局，做到巧而得体，精而合宜。

（3）取其特色：充分反映建筑小品的特色，将其巧妙地熔铸在园林造型之中。

（4）顺其自然：不破坏原有风貌，做到涉门成趣、得景随形。

（5）求其因借：通过对自然景物形象的取舍，使造型简练的小品获得景象丰满充实的效果。

（6）饰其空间：充分利用景观小品的灵活性、多样性丰富园林空间。

（7）巧其点缀：把需要突出表现的景物强化起来，把影响景物的角落巧妙地转化成游赏的对象。

（8）寻其对比：把两种差异明显的素材巧妙地结合起来，使其相互烘托，显出双方的特点。

二、景观桥

景观桥梁是城市景观环境中的交通设施，不仅具有联系水陆的功能，与道路系统相配合，还能在引导游览线路、组织景区的分隔与联系、增加景观层次、丰富景致、形成水面倒影等方面起到造景作用（见图2-35）。在设计景观桥时应注意水面划分与水路的通行，类型有汀步、梁桥、拱桥、浮桥、吊桥、亭桥与廊桥等。

（一）从材料上分

1. 木桥

木桥是最早的桥梁形式，但因木材本身质松易腐以及受材料的强度和长度限制等，不仅不易在河面较宽的河流上架设，而且也难以造出很牢固耐久的桥梁来（见图2-36）。

2. 石桥和砖桥

石桥和砖桥一般指桥面结构是用石或砖料来造的桥，但纯砖构造的桥极少见，一般是砖木或砖石混合构建，而石桥则较为多见（见图2-37）。

3. 竹桥和藤桥

此类桥主要见于南方，尤其是西南地区。其一般只用在河面较狭的河流上，或作为临时性架渡之用（见图2-38）。

（二）从结构形式上分

1. 梁桥

梁桥是用桥墩沿水平方向做承托，然后架梁并平铺桥面的桥（见图2-39）。

图2-35

图2-36

图2-37

图2-38

图2-39

2.浮桥

浮桥是用船舟来代替桥墩，故有"浮航""浮桁""舟桥"之称，属于临时性桥梁（见图2-40）。

3.索桥

索桥也称吊桥、绳桥、悬索桥等，是以竹索或藤索、铁索等为骨干相拼悬吊起的桥（见图2-41）。

4.拱桥

拱桥有石拱、砖拱和木拱之分，其中砖拱桥极少见，只在庙宇或园林里偶见使用。一般常见的是石拱桥，其中又有单拱、双拱、多拱之分，拱的多少要视河面的宽度来确定（见图2-42）。

图2-40

图2-41

图2-42

图2-43

三、入口大门

入口大门可以起到分隔地段、建筑间、厂区等空间的作用，一般与围墙结合围合空间，标志不同功能空间的限界，避免过境的行人，车辆穿行（见图2-43～2-50）。

入口大门分为门垛式（在入口的两侧对称或不对称砌筑门垛）、顶盖式、标志式、花架式、景观式等形式。在设计中首先要考虑满足使用功能，其次要考虑大门的风格与建筑环境风格的统一，另外还必须考虑其体量、尺度、比例、色彩、质感等方面与建筑环境的协调。

1. 门尺寸的确定

首先是门洞尺寸的确定，应满足人流、疏散、运输等使用要求，在实际设计中门洞尺寸一般都要放大。

2. 其他比例尺度因素

应该考虑建筑物本身的体量，如高层住宅的大门尺度应相对大一些，低层住宅的大门尺度就可以相对小一些。

图2-44

图2-45

图2-46

图2-47

图2-48

（1）建筑物外部空间的大小，如小区的门前比较开阔，大门的尺度就要放大，而独院院落的门前较窄，大门就要相对低矮一些。一般门洞尺寸见表2-1。

（2）大门本身的构件如门扇、门柱、门墙等，相互之间的比例关系要协调。

3. 门的色彩

建筑的色彩设计一般以大面积墙面的色彩作为基调色，而大门的色彩应作为强调色来处理。大门部位的配色应该与背景有着相互适应的明度差、彩度差和色相差。

4. 大门的风格

大门的风格应与建筑物的风格力求一致，以充分体现和谐美。如一栋欧式风格的别墅就应配上欧式风格的大门。

5. 门的平面位置

主大门前应有供人员集散用的空地广场来作为道路与建筑之间的缓冲地带。如门卫应有控制人流和工作的活动空间，车辆会有停车、缓行与倒车的要求等。其面积和空间尺寸应根据使用性质和人数确定，且不得有任何障碍物影响空间的使用。

025

表2-1 一般门洞尺寸的最低限度参考数值　　　　　　单位：mm

通行要求	单人	双人	手推车	电瓶车	轿车	卡车
门洞宽	900	1500	1800	2100	2700	3000
门洞高	2100	2100	2100	2400	2400	2700

图2-49

图2-50

四、景观雕塑

景观雕塑是指用传统的雕塑手法，在石、木、泥、金属等材料上创作的艺术品，是一定历史条件下文化和思想的产物。雕塑分为圆雕、浮雕和透雕三种基本形式，现代艺术中出现了四维雕塑、五维雕塑、声光雕塑、动态雕塑和软雕塑等。艺术家在特定的时空环境里对日常生活中的物质文化实体进行选择、利用、改造、组合，以令其演绎出具有新的文化意蕴的艺术形态。

现代的环境雕塑具有千姿百态的造型和审美观念的多样性，加之高科技、新材料的加工手段与现代环境意识的紧密结合，给现代生活空间增添了生命的活力和魅力。人们置身其中，可以感受到丰富的人文内涵，受到艺术熏陶（见图2-51～图2-58）。

图2-51　　图2-52

图2-55

图2-53

图2-54

1. 景观雕塑在环境中的作用

景观雕塑是城市空间中的文化与艺术的重要载体，能够装饰城市空间，形成视觉焦点，与四周的环境空间、建筑空间形成视觉场，在空间中变换轮廓、切割空间，起到凝缩、维系作用。

2. 景观雕塑是整体环境中的艺术作品

景观雕塑的四周会有相应的建筑空间因素、历史文化因素、人群车流因素，也有无形的声、光、温度等因素，这一切构成了环境因素。因此，决定雕塑的场地、位置、尺度、色彩、形态、质感时都必须从整体出发，研究各方面的背景关系，采用均衡、统一变化、韵律等手段寻求恰当的答案，表达特定的空间气氛和意境，给人鲜明的第一视觉印象。

3. 雕塑环境的人性化及景观雕塑的触觉空间

景观雕塑大都采用接近人的尺度，在空间中与人在同一水平面上，可观赏、触摸、游戏，增强人的参与感。在形式上采用丰富多样的雕塑语言，可以产生各种情趣，满足不同层次人群的精神要求和不同环境空间的特质。

图2-56

027

2-57

2-58

4. 现代环境雕塑语言的广泛化

景观雕塑的发展跳出了以往传统的那种狭窄的表达范围，更广泛地吸收、借鉴众多学科及姐妹艺术，不断充实丰富自己。如从环境空间理论中吸取视觉表现力因素，强调尺度感，出人意料地变换空间形态和方向；在人心理感受上也吸收了文学、戏剧、电影诸方面的因素，如隐喻、追求戏剧性、电影蒙太奇手法及悬念效果等。

五、公共座椅

座椅是景观环境中最常见的设施种类，便于游人休憩。公共座椅的设计，应考虑以方便使用者长久停留的舒适型座椅为主，同时兼顾老人、小孩的需求，设计适宜不同人群休息使用的座椅类型。路边的座椅应离路面有一段距离，避开人流，形成休息的半开放空间。同时座椅的布置要注重人的心理感受，通常应面向视野好、有人的活动区域，同时兼顾光线、风向等因素，也可与其他设施如花坛、水池等结合进行整体设计（见图2-59～图2-62）。

座椅由座面、靠背、椅腿、扶手四个部分组成。

（1）座面：为使坐靠更加舒适，靠背与座面之间应保持95°～105°的夹角，座面与水平面之间应保持2°～10°的夹角。有靠背的座椅深度可在30～45 cm之间；无靠背的深度在50～75 cm之间较适宜。座椅的高度保持在45 cm左右较舒适，座面的前边缘应做圆角处理。

2-59

2-60

（2）靠背：为增加舒适度，靠背应稍向后倾斜，其高度保持在50cm左右较适宜。无靠背的座椅最好考虑两边可同时使用。

（3）椅腿：出于安全的考虑，椅腿不能超过座面的宽度。

（4）扶手：扶手的宽度不应超出座面的边缘，表面应坚硬、圆润并易于抓握。

座椅常用材料有木材、石材、混凝土、金属、陶瓷、塑料。

1. 木材

木制座椅是庭园的基本组成部分，具有朴实自然的感觉。木材的低导热性与钢结构和天然石材形成了明显的反差，木材的天然性与环保性也是其他硬质材料所不及的。木制座椅有很多类型，既有经过简单砍制的粗糙原木凳椅，也有工艺复杂的鲁泰斯长椅（见图2-63）。

2. 石材

目前市场上常见的石材主要有大理石、花岗岩、水磨石、合成石四种，其中大理石中以汉白玉为上品；花岗岩比大理石坚硬；水磨石是用水泥、混凝土等原料锻压而成的；合成石是以天然石的碎石为原料，加上黏合剂等经加压、抛光而成的。后两者因为是人工制成，所以强度没有天然石材高（见图2-64）。

2-61

2-62

2-63

2-64

3. 混凝土

混凝土是由胶凝材料、骨料和水按适当的比例拌和而成的混合物，经一定时间后硬化而成的人造石材，简写为"砼"。因其材料经济、加工方便，应用比较普及（见图2-65）。

4. 金属

在公共座椅中使用最多的金属是钢铁和铝，其物理性能好、资源丰富、价格低廉、工艺性好。但金属热传导性好，冬夏季节不适宜人们使用（见图2-66）。

2-65

2-66 　　　　　　　　　　2-67 　　　　　　　　　　2-68

5. 陶瓷

陶瓷表面光滑、耐腐蚀、具有一定的硬度。但由于烧制工艺的限制，其尺寸不能过大，也不能制作过于复杂的形体（见图2-67）。

6. 塑料

塑料是指以树脂(或在加工过程中用单体直接聚合)为主要成分，以增塑剂、填充剂、润滑剂、着色剂等添加剂为辅助成分，在加工过程中能流动成型的材料。此类材料可塑性强、质量小、绝缘、耐腐蚀、传热性能低、色彩丰富（见图2-68）。

六、照明设施

灯具是景观环境中常用的照明设施，主要是为了方便游人夜行，起到照明作用，渲染夜景效果。灯具可分为路灯、草坪灯、水下灯以及各种装饰灯具和照明器（见图2-69～图2-76）。

（一）灯具的选择与设计原则

（1）应功能齐备，光线舒适，充分发挥照明功效。

（2）灯具形态应具有美感，光线设计要配合环境，形成亮部与阴影的对比，丰富空间层次，增强立体感。

（3）与环境气氛相协调，用"光"与"影"来衬托自然的美，并起到分隔空间，变换氛围的作用。

2-69	2-70	2-71

（4）应保证安全，灯具的线路开关乃至灯杆设置都要采取安全措施。

（二）灯具的高度

（1）低位置路灯：高度为0.3～1 m，多用于庭园、散步小径等环境空间中，营造温馨的气氛。

（2）步行道路灯：高度为1～4 m，通常设置于道路的一侧，灯具造型应注重细部处理，满足中近视距的观感。

（3）停车场及干路灯：高度为4～12 m，采用较强的光源，排列间距较大，通常为10～50 m。应着重控制光线的投射角度，防止强光对周围环境的干扰。灯具的悬挑距离一般不超过灯具高度的1/4。

（4）专用高杆灯：高度在6～10 m之间，设置于工厂、仓库、加油站等具有一定规模的环境空间。应考虑该空间夜晚活动及相关设施的照明。

2-72　　　　　　　　　　　　　　　　　　　　　　　　　　2-73

2-74

（5）高杆灯：高度在20～40 m的路灯照射范围比较广，通常位于城市广场、体育场馆、停车场等地，在环境空间中具有地标作用。

（三）灯具的布置

居住区道路的照明为减少眩光，高度宜大于3 m或小于1 m，同时考虑灯具位置的选择，避免过强的光线照入居室。

采用高杆照明的截光型灯具时，应按照平面对称式布置，安装间距与高度之间应以3:1为宜；若要求间距较大时，应采用投光灯，按径向对称式布置，安装间距与高度之间应以4:1为宜。

2-75

2-76

七、指示设施

　　每一个规划区域都有自己的识别标志，指示系统要统一于视觉识别。尽管指示系统有区别性，但在表现形式上应具有广泛的统一性、载体之间应用材料与造型的统一性、载体颜色与地域文化的一致性及地域环境尺度上的呼应性。在设计中还应考虑景观设计的风格理念，分析自然环境与人文建筑对指示系统的影响，在统一的设计风格中寻求变化，产生独具魅力的文化个性（见图2-77～图2-81）。

2-78

2-77

2-80

2-79

2-81

指示系统按照功能不同大致分为六类，包括定位类（帮助人们确定自己的位置，包括地图、建筑参考点、地标等）、信息类（提供各类详细信息，如商店的商品目录、开放时间、促销活动等）、导向类（引导人们前往目的地）、识别类（以个性的手法使人们识别特殊的地点，可以是一件艺术品、一座建筑或环境）、管制类（标识有关部门的法令、法规，有强制执行的意义）、装饰类（美化环境或环境中的某些元素，如旗帜、匾额等）。

2-82

八、候车亭

候车亭是指为方便乘客候车，在车站设置的防护（遮阳、防雨等）设施（见图2-82～2-88）。

1. 设计要求

候车亭应为低成本、易于维修和养护、能够抵御人为的蓄意破坏，同时应该是舒适的、便利的、安全的、易于辨别的，并能够提供清晰的交通信息。

2. 设置

（1）上下行站点宜在道路平面上错开，错开间距不小于50 m。

（2）在交叉路口设置车站，宜在交叉路口50 m外。

（3）候车亭长不小于5 m，并不大于标准车长的2倍；全宽宜不小于1.2 m；坐落在高出路面0.2 m的台基上。

3. 设计原则

（1）候车亭的设计应反映城市的环境特点和个性。

（2）候车亭应易于识别，同一车种、线路的候车亭可在形态、色彩、材料、设置位置等方面加以统一；站牌规格统一，且设置醒目。

2-83

（3）注重与周围环境的协调统一。

（4）候车亭内应有较好的明视度，人们可以清晰地观察车辆靠站的状况。

（5）方便乘客上下车。

（6）候车亭应能够供人们小坐，成为遮风避雨的场所。

2-84

2-85

2-86

2-87

2-88

九、电话亭

电话亭是一个矗立于街头，内有公用电话的"小屋子"，通常设有透明或有小窗的闸门，以在保障使用者的隐私的同时，又可让人知道电话是否正在使用中。早期的室外电话亭采用木材或金属制造，设有玻璃窗。一些较新设计的采用塑胶或玻璃纤维制造，简单耐用，亦可降低成本（见图2-89～图2-92）。

电话亭就其封闭性能可分为隔音式（四周封闭）、半封闭式（不设隔音门）、半露天式（固定在支座或墙柱上的半盒子间）。应根据环境空间的性质、使用频率确定电话亭的形式，如在商业街为防止外部干扰，通常设置隔音式电话亭；在街头可设置便捷的半露天式电话亭。

电话亭通常设置在不妨碍交通的人行道上，设置后的人行道宽度不小于1.5 m。为方便雨天使用，最好设置在高出地面的台基上。

图2-89

图2-90

图2-91

图2-92

图2-93

图2-94

在设计中应注意：电话的放置高度须适宜，同时考虑残疾人、儿童、老年人的使用要求；电话面板设计要简洁明了；使用者可放置随身物品；使用者可进行电话记录，如设置书写板等构件；电话亭须有较好的挡雨功能；电话亭须有良好的通风透气性能（见图2-93、图2-94）。

电话亭不仅是一种通信工具，更是城市的风度和多元的生活方式。针对不同的空间环境、功能区域，电话亭在色彩、肌理、形态、材质的设计上应有所不同。

十、游戏与健身设施

游戏设施一般为12岁以下的儿童所设置，需要家长陪同使用。在设计时应考虑其安全性，如选用软质材料，避免儿童碰伤。游戏设施应顺应儿童的探求心理，针对不同年龄段儿童的活动需求。游戏设施应按照儿童人体工程学原理及统计资料加以设计，同时在周围应为家长设置休息的座椅。游戏设施较为多见的有秋千、滑梯、沙场、爬杆、爬梯、绳具、转盘、跷跷板等。

健身设施指能够通过运动锻炼身体各个部分的健身器械，一般为12岁以上的儿童以及成年人所设置。在设计健身设施时要考虑成年人和儿童的不同身体和动作的基本尺寸要求，并考虑结构和材料的安全性（见图2-95～图2-101）。

图2-95

图2-96

图2-97

图2-98

图2-99

图2-100

总之，公共设施是室外环境中最具实用功能、最能体现人性化的要素，它已经成为景观中非常醒目的亮点，并且随着新材料、新工艺的不断出现与完善，公共设施正向高科技智能化发展，它正在成为现代人的生活、工作、娱乐等户外活动提供更加方便与舒适的"道具"。同时公共设施设计提倡多元化，形成具有地方特色、民族风格的空间艺术，以自然为主线，开拓人与自然充分亲近的生活环境，不断将自然环境与人工设计巧妙地融合于一体，使人们获得重返大自然的美好享受。

图2-101

十一、围墙

围墙有两种类型，一种是环境空间周边、生活区等的分隔围墙；一种是园内划分空间、组织景色、安排导游而布置的围墙。在设置围墙时应注意：能不设墙的地方尽量不设，让人接近自然，爱护绿化；尽量利用自然的材料达到隔离的目的，具有高差的地面、水体的两侧、绿篱树丛等都可以达到隔而不分的目的；要设置围墙的地方，能低尽量低，能透尽量透，只有少量须掩饰之处才用封闭的围墙；使围墙成为园景的一部分，让围墙向景墙转化。能够把空间的分隔与景色的渗透联系起来，有而似无，有而生情，才是高超的设计（见图2-102～图2-105）。

构造围墙的材料有竹木、砖、混凝土、金属等几种。

1. 竹木围墙

竹篱笆是过去最常见的围墙，如采用一排竹子加以编织，成为活的围墙（篱），是最符合生态学要求的墙垣了（见图2-106）。

图2-102

图2-103

图2-104

图2-105

图2-106

2. 砖围墙

墙柱间距为3～4m，中间可开各式漏花窗，既节约材料又易管养，缺点是较为闭塞（见图2-107）。

3. 混凝土围墙

一是以预制花格砖砌墙，花型富有变化但易爬越；二是用混凝土预制成片状，可透绿也易管养。混凝土围墙的优点是一劳永逸，缺点是不够通透（见图2-108）。

4. 金属围墙

（1）以型钢为材，断面有几种常用形式，表面光洁，性韧，易弯不易折断，缺点是每2～3年要油漆一次（见图2-109）。

（2）以铸铁为材，可做各种花型，优点是不易锈蚀，价格又不高，缺点是性脆，光滑度不够。订货时要注意所含成分的不同（见图2-110、图2-111）。

图2-107 图2-108

图2-109

图2-110

图2-111

图2-112

（3）锻铁、铸铝材料质优而价高，局部花饰可室内使用（见图2-112）。

（4）各种金属网材，如镀锌、镀塑铅丝网、铝板网、不锈钢网等。现在往往把几种材料结合起来使用，取长补短。用混凝土做墙柱、勒脚墙，用型钢作为透空部分框架，用铸铁作为花饰构件，局部细微处用锻铁与铸铝材料（见图2-113）。

图2-113

十二、护栏

　　护栏一般是指沿一些路段的路基边缘或沿中央分隔带以及为使行人与车辆隔离而设置的防护设施，警戒车辆驶离路基、防止车辆闯入对向车道，以保障车辆和行人的安全。它兼有引导驾驶人员的视线或限制行人任意横穿等作用。护栏由支柱和横栏组成，可用木材、钢筋混凝土或金属等材料制造（见图2-114～图2-121）。

图2-114

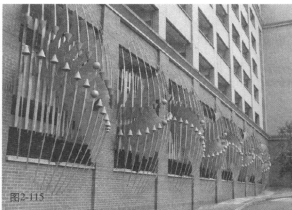

图2-115

图2-116

图2-117

图2-118

图2-119

图2-120

图2-121

1. 分类

（1）矮栏杆：高度为30～40 cm，多用于绿地的边缘和场地的分隔。

（2）分隔栏杆：高度在90 cm左右，具有维护、拦阻作用。

（3）防护栏杆：高度在120 cm左右，多使用混凝土、钢管等材料，使人感觉安全可靠。

2. 设计原则

（1）注意护栏颜色的饱和度、亮度对环境的影响。

（2）护栏在环境中处于次要地位，所以在形态方面既要注重个性，更应保证整体环境的和谐统一。

（3）因为护栏的连续重复出现，应着重注意韵律的处理。

十三、自行车存车棚

自行车存放架在设计上要形成一定的秩序，达到景观化效果，采用向心式、岛式（对放式）、靠墙式等车辆存放形式，合理利用空间，规范车辆的停放。应考虑对占地面积的有效利用，除平面存放外，还可采用阶梯式存放等形式（见图2-122～图2-127）。

（1）平行存放：与道路成90°，每辆车的占用面积约1.1 m²，一般约隔0.6 m存放一辆车。

（2）斜角式存放：与道路成30°～45°，每辆车的占用面积约为0.8 m²。

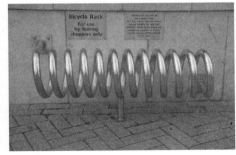

图2-122

图2-123

（3）单侧段差式存放：设置前高后低的车架，前轮离地约0.5 m，每辆车的占用面积约为0.78 m²。

（4）双侧平置存放：两侧前轮对叉式存放，较省面积，每辆车的占用面积约为0.99 m²。

（5）双侧段差式存放：采用上高下低的形式，每辆车的占用面积约为0.69 m²。

图2-124

图2-125

图2-126

图2-127

十四、垃圾箱

垃圾箱是城市环境中不可缺少的景观设施，是保护环境、清洁卫生的有效措施。垃圾箱在满足功能需求的同时，应着力体现人文特色，通过细微的差异性设计来提升环境的独特品位，在设计垃圾箱时要考虑与环境整体风格相一致，从中找出诸如形态、色彩、文化等隐含的因素，运用到设施的设计中去（见图2-128～图2-133）。

在设计中还要考虑使用维护的方便易行，提高人的可操作性，在功能上达到方便人们丢弃废物、提高资源回收率的效果，如烟蒂与可燃废弃物分别收纳，可回收物与不可回收物分别收纳等。在布局上，将可回收与不可回收垃圾箱设置在一块儿，避免间隔一定距离间断投放的现象，并应尽可能设置在公共座椅附近，提高人的可接近性与分类投放废弃物品的自觉性，以达到真正保护环境的目的。

（1）按照形态分为：直竖型、柱头型、托座型。

（2）按照清除方式分为：旋转式、抽底式、启门式、套连式、悬挂式。

（3）按照设置方法分为：固定型、地面移动型、依托型。

图2-129

图2-128

图2-131

图2-130

图2-132

图2-133

第三章 国外城市公共设施实例

一、景观小品

（一）亭

这个现代感极强的亭子位于奥地利维也纳，为乔木所包围，处于私密幽静的环境中。其通体采用亚光不锈钢材质，柱径细小，给人以非常精致的感觉（见图3-1）。

这个亭子位于法国巴黎，由钢架和玻璃构成，左右两部分的透明玻璃上用多种不同的文字刻着"和平"，向世界宣告对和平的热爱与渴望。其中间正对着艾菲尔铁塔，形成了强烈的景观轴线（见图3-2）。

这个亭子位于瑞典斯德哥尔摩，剪影式的效果很有艺术趣味，中间还设置了一个与亭子风格相一致的烟灰缸。原来这是特意为吸烟者提供的场所，构思新颖（见图3-3）。

这一排亭子位于德国法兰克福，在一座建筑的入口处，成为了建筑与外部空间的过渡。其造型独特，让人不禁联想到"树"的形态。多个单体排列在一起，很有气势（见图3-4）。

图3-1

图3-2

图3-3

图3-5

图3-4

这个亭子位于德国汉堡，建造非常巧妙，借助建筑的墙面承重，外侧则用"V"字形木柱支撑。屋顶侧面也是一个开口很大的"V"，在造型上形成了良好的统一（见图3-5）。

这个亭子位于德国杜塞尔多夫，正八边形石材鼓座上矗立着四根金属柱，铸铁件形成了多个方向的拱形，使得八边形的屋顶出挑很大，让人感觉轻盈欲飞（见图3-6）。

（二）廊架

这个廊架位于法国巴黎，凌驾于很长的自动水平扶梯之上，其功能是提供遮阳。顶棚的标准构件高低错落交叉，仿佛浮在天上的云朵（见图3-7）。

这个廊架坐落在德国科隆大教堂脚下，形成现代与古典的激烈碰撞。其顶部非常有特点，用许多单词拼在一起，正面还饰以不同颜色，地面斑驳的投影也具有观赏效果（见图3-8）。

这个廊架位于德国斯图加特，架设在一处建筑庭院的坡道上，水平、垂直、斜向的框架有很强的动感，黄颜色很醒目，起到了强化出入口位置的作用（见图3-9）。

图3-6

图3-7

图3-8

图3-9

这个非常长的廊架位于德国科布伦茨，连接着德国科布伦茨中央火车站的出入口，具有很强的方向感，方便地把刚下车的旅客疏散出去（见图3-10）。

这个廊架位于德国莱比锡商业步行街，顶棚分为上下两层，一个向下弯曲，一个向上弯曲，形成了相呼应的造型（见图3-11）。

这个廊架位于德国汉堡，黑色圆形支撑柱像一个个张开双臂的人，托举着连续成券的白色顶棚，在给行人提供遮阳挡雨功能的同时，也美化了这一带的街道景观（见图3-12）。

图3-10

图3-11

图3-12

（三）观景塔

这个观景塔坐落在法国巴黎著名的拉维莱特公园，是解构主义的代表作，沿着弧形的台阶可以登临二层、三层的平台，眺望远景（见图3-13）。

这个现代式观景塔位于德国汉堡海港新城，橙红的颜色非常醒目，直线条的墩柱与上部弧形的顶部形成了变化，游人可以登临其上眺望易北河岸风光（见图3-14）。

这是德国柏林新美术馆的塔楼，螺旋上升的阶梯围绕着通透的圆柱形电梯间，形成了动态的交错流通空间（见图3-15）。

图3-13

图3-14

图3-15

图3-16

这个观景塔位于德国科隆的莱茵河畔，最下面部分利用了原来古建筑的遗址，上面后加的钢筋混凝土部分出挑很大，便于人们围绕着透明玻璃观赏景致（见图3-16）。

这个观景塔位于德国卡塞尔，塔下部采用钢结构，上部采用木质构架，各个立面造型各异，变化很丰富。站在二层，这些木框架又起到了俯瞰景致的框景作用（见图3-17）。

图3-17

图3-18

这个观景塔位于德国杜塞尔多夫，是古典主义风格的塔楼。其下大上小的造型非常稳重，钟表被镶嵌在拱形的券里，上面覆以头盔状的顶部（见图3-18）。

二、景观桥

这座景观桥位于德国汉堡海港新城，该桥横跨在德国汉堡易北河之上，上下两层通行，两层桥面各具备一定的斜度，加之上面倾斜的圆弧拱铁梁，使得该桥非常具有观赏趣味（见图3-19）。

这座景观桥横跨在德国柏林施普雷河之上，钢结构的桥梁线条挺拔流畅，体现出当代建造材料和材料力学在桥梁设计上的应用（见图3-20）。

这座景观桥位于德国著名的步行街之一杜塞尔多夫的国王大道，两旁是林荫的栗树大道，中间是条水渠，这座桥就横跨在该水渠上。与灯具结合的桥头堡及铁艺护栏造型都很有特色（见图3-21）。

这座景观桥位于英国剑桥，展现了现代钢梁结构的雏形，桥身相邻的桁架之间均成11.25°，所以此桥得名"数学桥"（见图3-22）。

图3-19

图3-20

图3-21

图3-22

图3-23

这座景观桥位于英国纽卡斯尔，是一座步行桥，全长126 m。桥身弯成一个弓形，固定拉索的拱门也呈倾斜状，通过几十组钢索固定桥身，如彩虹般横跨泰恩河上。同时该桥的主桥体可以向上提升50 m，便于大型船舶通航，此时索塔和索桥宛若一只点水蝴蝶的翅膀（见图3-23）。

此桥位于英国伦敦，由建筑设计大师诺曼·福斯特为迎接千禧年主持设计，全长320 m，横跨泰晤士河。其造型简洁，加之金属材质的光泽，大大彰显了科技感。其秀美的身躯牵连了历史（北岸的圣保罗大教堂）与未来（南岸的泰特现代艺术馆）。支撑大桥的"Y"形空心金属桥墩像一个个人，张开双臂在欢迎往来的游客（见图3-24）。

图3-24

三、景观雕塑

这是德国柏林"悲痛的母亲抱着去世的儿子"雕像，坐落在德国"战争与暴政牺牲者"中心纪念馆大厅中，由克特·柯勒惠支创作。看到这个雕像会使人自然联想到文艺复兴巨匠米开朗基罗的"圣母怜子像"，战争的残酷通过母子情深的雕塑表现出来，拨动了无数参观者渴望和平的心弦（见图3-25）。

这个贝多芬头像坐落在德国波恩莱茵河畔——贝多芬展览厅前面的草地上。从远处看，是一座栩栩如生的、富有代表性的眉头紧锁贝多芬头像，走近才发现是由长短不齐的水泥瓦片堆砌而成的，艺术地展现了贝多芬桀骜不驯的经典面孔，塑造了一个高傲、威严、神圣的贝多芬（见图3-26）。

图3-25

图3-26

这是比利时布鲁塞尔的原子球雕塑，位于比利时首都布鲁塞尔的海塞尔公园内，又称为"原子模型塔"，于1958年为在比利时举办的布鲁塞尔万国博览会所建造，被誉为比利时的"艾菲尔铁塔"，是现代布鲁塞尔的象征。其独特的造型源于放大1650亿倍的铁分子结晶体结构，整体形状呈立方体，气势宏伟。位于角点上的八个以及位于中心的一个巨大金属球由金属管两两连接，圆球直径为18 m，两球间的钢管长26 m，直径3 m。该雕塑总重量约2200吨，高102 m（见图3-27）。

图3-27

图3-28

　　这个坐落在德国柏林的雕塑被称之为"分裂的城市"，由布里吉特和登宁霍夫共同创作。在柏林市中心街心花园中竖立起的这座巨大的金属雕塑，是1987年为庆祝柏林750周年而建。四个弯曲的圆柱体虽有裂口却紧密相连，难舍难分，似乎向人们暗示着分裂是暂时的，统一是必然的。分裂与统一，德国历史中一再上演的剧情，被无声地凝固在这座静默的雕塑中。该作品造型简洁，构思巧妙，意味深长（见图3-28）。

　　这座景观雕塑体量巨大，位于德国海德堡新城区，采用不锈钢材质打造，极富现代感，同时其造型又能够使人联想到德国中世纪城堡的骑士形象。雕塑的多个关节处都可以转动，犹如一匹不停奔跑的骏马。雕塑彰显了海德堡印刷机械股份公司在印刷媒体业首屈一指的地位，渲染了印刷设备精密、高效运作的主题概念，体现了公司不断奋进的精神（见图3-29）。

图3-29

　　这是奥地利因斯布鲁克阿尔卑斯喷泉巨人雕塑，位于施华洛世奇水晶世界花园内。花园于1995年为庆祝施华洛世奇成立100周年而建造，坐落在奥地利因斯布鲁克以东10多公里的瓦腾斯镇，是著名的水晶制造商施华洛世奇公司的总部，为世界上最大的水晶博物馆，与周围的阿尔卑斯山谷等自然景色融为一体，环境优美，被誉为光线与音乐完美结合的"现实中的童话世界"。步入公园，首先映入眼帘的是这个主题雕塑，其由人工堆土而成，被绿植覆盖，喷泉从巨人口中喷涌而下，巨人的双眼是两颗硕大的水晶，在阳光下闪烁着奇异的光彩，巨人的双肩就是水晶世界的入口（见图3-30）。

图3-30

这是位于法国巴黎拉德芳斯新区"红色的蜘蛛"，是美国艺术家考尔德的代表作，于1975年完成。作品以现代抽象的手法采用红色的巨大钢材构筑，高达15 m，犹如一只火红色的蜘蛛屹立在由高大建筑围合的广场正中央。明快的色彩以及大跨度的形象冲击着人们的视觉，为冷漠的现代建筑群带来些许温情和诗意（见图3-31）。

这是德国哥廷根街头的雕塑，该雕塑高耸向上，采用了现代感很强的不锈钢材料，折角分明，线条硬朗，给人一种阳刚、向上的心理感受，很适合放置在由建筑围合的草坪、广场上（见图3-32）。

图3-31

图3-32

这是德国德累斯顿街头雕塑，采用了不锈钢材质，体量巨大，棱角分明，姿态张扬，像是两个翩翩起舞的人体，让人浮想联翩，给广场带来了欢快的节奏（见图3-33）。

该雕塑矗立在德国汉堡易北河畔，人物形象经过提炼、概括，手持船桨，在白云蓝天的背景下非常引人注目，完美诠释了该滨水景观公园的空间属性，吸引着人们围坐在它四周（见图3-34）。

图3-33

图3-34

　　该雕塑矗立在芬兰首都赫尔辛基著名的岩石教堂的岩石穹顶上，通过对金属板进行剪切、镂空、拉伸等创意性处理，建造了这个现代感非常强的十字架雕塑，作品运用现代的景观设计语汇重新诠释了基督教徒的虔诚之心，在科技高度发达的今天，人们对上帝的敬仰与敬畏丝毫没有减弱（见图3-35）。

　　这是瑞士日内瓦街头的雕塑，圆润流动的不锈钢四棱柱宛若轻盈飘动的丝带，与以直线条为主的建筑形成了鲜明对比，给这个由建筑围合的小广场带来了活力（见图3-36）。

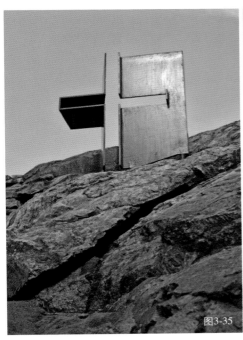

图3-35

图3-36

四、公共座椅

　　这个座椅位于卢森堡一个由工业遗产改造的公共空间，底部用以前厂房拆下的钢梁作为支撑，与整体环境很协调（见图3-37）。

　　这个公共座椅位于荷兰阿姆斯特丹市中心，造型采用基本的几何形体，新颖独特，与周围的城市公共设施一样采用艳丽的蓝色，展现了荷兰人的热情奔放（见图3-38）。

　　这个座椅坐落在瑞典斯德哥尔摩街头的一家食品店门口，热情的红色座面吸引着来往的客人，上面的托架便于人们放置饮料、食物，外侧带有图案的镂空金属板既是装饰又有维护功能（见图3-39）。

图3-37

图3-38

图3-39

图3-40

这是芬兰赫尔辛基的一个公共座椅，仅靠后面的两个座椅腿支撑重量，造型简单，毫无赘饰，为人们休息提供了便利（见图3-40）。

这是挪威奥斯陆的一个公共座椅，厚重质朴的石材材质，体量感很强，同时结实、耐用，体现了现代设计的精髓。作品运用简单的处理手法，却达到了耐人寻味的效果（见图3-41）。

这是奥地利维也纳的一个公共座椅，其设计真的是以人为本，曲线优美的座面不仅能让人们坐，而且还可以舒舒服服地躺下来（见图3-42）。

图3-41

这是瑞士卢卡恩的一个公共座椅，铜制的线条模仿自然界的植物枝条、树叶，甚至还有枝头的小鸟，描绘出一派宁静的田园乡村风貌（见图3-43）。

图3-42

图3-43

图3-44

这是德国德累斯顿的一个公共座椅，曲线造型非常优美，人们坐着非常舒适，上面卷起来的部分既丰富了造型变化，又给坐在里面的人带来了安全感（见图3-44）。

这个座椅位于德国杜塞尔多夫著名的国王大道起始端的小广场上，长长的座椅沿着绿地形状摆放。半透明的乳白色材质现代感很强，夜间还能透出光亮（见图3-45）。

图3-45

这个公共座椅位于德国汉堡海港新城，白色的混凝土部分沿着绿地呈折线蜿蜒延伸，其上设置有不同宽度的座面，窄的可以坐，宽的可以躺，人们可以尽情地享受阳光（见图3-46）。

这是德国汉堡的一个公共座椅，其不仅仅是供人们休息的功能设施，也是景观造景的重要手段，变化丰富的线形也使人们有了更多选择的自由（见图3-47）。

这是德国萨尔布吕肯的一个公共座椅，圆柱形的座椅没有明确的方向感，使人们总能找到合适的位置，或两三人亲密交谈，或一个人静坐独处（见图3-48）。

图3-46

图3-47   图3-48

五、照明设施

　　这是瑞典斯德哥尔摩的一处照明灯具，灯具的金属灯托由最常见的螺纹钢钢筋通过组合排列而得，随高就高错落地布置在楼梯护栏上，有一定的韵律感（见图3-49）。

　　这是挪威奥斯陆著名的雕塑公园入口处的灯具，不仅起到了照明作用，也烘托了铁艺大门的气势，两者完美地结合在一起（见图3-50）。

　　这个街灯位于哥本哈根海滨，灯头与雕塑浑然一体，展开双翅的飞龙叼着灯，仿佛神话中的神兽带来了光明，具有丹麦式的童话色彩（见图3-51）。

　　这是西班牙巴塞罗那的一处照明灯具，这个铁艺景观灯具不仅整体造型姿态优美，而且功能非常完善，有照亮路面的高灯，又有照亮人行道的低灯。其同时与座椅巧妙结合，像是从座椅中生长出来一般（见图3-52）。

图3-49   图3-50

图3-51　　图3-52　　图3-53

　　这个街灯位于德国德累斯顿街头，曾经有人说过"谁没到过德累斯顿，谁就没见过美"，其中就包括德累斯顿精美的景观灯。小型的方尖碑顶部有着古希腊的檐部和古罗马的穹顶，仿佛要将天下之美集于一身（见图3-53）。

　　这是西班牙巴塞罗那的一处照明灯具，棕红色的铁艺非常独特，与石材搭配相得益彰，两者共同构成一个锥体，直指苍天，显得格外挺拔伟岸（见图3-54）。

　　这是德国柏林的一处照明灯具，具有工艺美术运动风格的造型，束柱状的的灯杆可以从哥特式建筑中找到雏形。灯头的造型好像植物的芽孢，惹人喜爱（见图3-55）。

　　这是德国柏林的一处照明灯具，该景观灯矗立在德国柏林总统府围栏的灯柱上，裸体的女神持灯带来光明，值守在大门前，仿佛在庇佑着这里的主人（见图3-56）。

图3-54　　　　　　　　　　图3-55　　　　　　　　　　图3-56

六、指示设施

这是法国格拉斯的一个指示牌，最上部是张着嘴的人脸和叉子的剪影，不问而知这是一家餐饮店，牌子上钉着详细的食物菜单，而且便于随时更换（见图3-57）。

这是西班牙巴塞罗那的一个指示牌，文字与图形巧妙地结合在一起，表明该建筑是特定药品中心。文字、图案均由瓷砖烧制而成，在户外环境中经久耐用，不怕被污染（见图3-58）。

斯德哥尔摩是瑞典的首都，濒波罗的海，在梅拉伦湖入海处，享有"北方威尼斯"的美誉。斯德哥尔摩市区分布在14座岛屿和一个半岛上，70余座桥梁将这些岛屿连成一体，桥梁成为城市靓丽的风景。这个指示牌上端设计了一条鱼的造型，非常符合斯德哥尔摩的城市地理特征。绿色的鱼，白字红底，形成了鲜明的对比，非常引人注目（见图3-59）。

该指示牌位于瑞士沙夫豪森莱茵瀑布景区，一段原木矗立在草地上，醒目的红色箭头及文字清晰地指明了景点的方向。三个身着不同服装、帽子的旅行者面朝箭头指引的方向大步前进，游客们会很自然地追随着他们的步伐（见图3-60）。

这是荷兰阿姆斯特丹的一个指示牌，荷兰警察亲自出马，肯定是重要信息。他一手扶着指示牌，一手指着地图。指示牌上的不同信息用不同色块加以区分，清晰明了，也符合荷兰人热情奔放的性格（见图3-61）。

这是法国巴黎街头的一排指示牌，该设计很符合人体工程学，充分考虑了人的视角和头部舒适的活动范围。对信息进行分类，并放置在不同的窗口。该指示牌信息量很大，但能让人一目了然（见图3-62）。

图3-57

图3-58

图3-59

图3-62

图3-63

图3-64

图3-65

这个指示牌坐落在德国乌尔姆中心火车站的站台上，仿佛一个大人和一个孩子在牵着手等火车，信息窗里提供车站的详细信息（见图3-63）。

该指示牌坐落在德国汉堡海港新城，利用改造建筑拆下来的木方做基座，上面加上金属框架和面板，稳定感很强，又很有现代感，并体现出生态理念（见图3-64）。

这是德国波恩的一个指示牌。在地面上竖立着的这个现代感极强的、薄薄的指示牌，无论是金属板上的印刷技术还是建造工艺，都充分体现了现代建造材料的科技含量以及现代高超的技艺美感（见图3-65）。

七、候车亭

这是法国巴黎的一个公共候车亭，波浪形的顶棚颇具流动感，显得很轻盈。树杈状的支柱很活泼，连接工艺科学合理、简单易行。该候车亭功能设施齐备，有带靠背的座椅，还有倚靠式的座椅，能够满足不同情况和人群的需求。此外还设置有地图、取款机、售票机、垃圾箱、烟灰缸等。后面的玻璃隔断保证了安全性，同时也能保持视线的通透（见图3-66）。

图3-66

这是德国卡塞尔的一个公共候车亭，长椭圆形的顶棚在提供遮阴功能的同时，宛若天外飞物，极具现代感。蓝色的地图栏边框及蓝色的电话亭，这些都与该城市公共汽车的颜色一致，形成一套完整的色彩系统（见图3-67）。

这是德国吕贝克的一个公共候车亭，这个体量庞大的公共候车亭采用了拉索结构，其撑杆、拉杆形成了优美的韵律。双坡玻璃顶棚中间的空隙部分保证了内部空气的顺畅流通（见图3-68）。

这是德国科布伦茨的一个公共候车亭，从中间的地下通道通行可以避免穿越路面，增强了安全性，实现人车分流。其整体造型像一只展翅欲飞的大鸟，体现了多曲线的美感（见图3-69）。

这是德国萨尔布吕肯的一个公共候车亭，中间主要承重的圆柱顶端分出四个枝杈，扭曲、折叠地支撑着顶部，仿佛一株生长着的树，很有造型（见图3-70）。

这是德国莱比锡的一个公共候车亭，扇形的顶棚和玻璃隔断墙非常灵动，其淡淡的蓝灰色也与周围其他公共设施相统一。圆柱构件纵横交错，运用灵活，使整个候车亭显得不拘一格（见图3-71）。

图3-67

图3-68

图3-69

图3-70

图3-71

图3-72

图3-73

这是德国汉堡公共汽车总站的候车亭，体量庞大，挺拔的圆柱支撑着圆弧形状的顶棚，极有气魄。顶棚出挑很大，让人们感受到技术的力量。它一边厚重一边纤薄，形成了对比（见图3-72）。

这是德国汉堡的一个公共候车亭，该亭体量较大，引人注目，顶棚呈曲线形起伏波动，非常优美。它不仅仅是功能设施，也是城市靓丽的景点（见图3-73）。

这是德国汉堡的一个与地下通道入口结合在一起的公共候车亭，顶棚的悬挑尺度很大，给人以很强的科技感，同时为地下入口遮挡了风雨（见图3-74）。

图3-74

八、电话亭

这是西班牙巴塞罗那街头公用电话亭的系列设计，有双人对面用的，侧面还可以加装广告灯箱；有四人四面用的，提高了使用效率。这两种设计都考虑了对残疾人的关怀，其中蓝颜色的话机降低了高度，正常高度的座机前还设置了放杂物的托板，很人性化。这种系列设计给城市环境带来亲切的印象（见图3-75）。

法国戛纳以其优美的沙滩及每年5月举办的戛纳电影节闻名于世，这个公用电话亭就位于戛纳街头。该开放式电话亭干脆把背板做成电影胶片的式样，突出了其地域文化特点（见图3-76）。

瑞典斯德哥尔摩的公用电话亭有传统古典式样的，也有现代式样的，但电话座机的设计都完全一样。这个古典样式则采用了红瓦屋顶，还有皇冠的装饰（见图3-77）。

图3-75   图3-76

这是德国科布伦茨的一个公用电话亭，其平面不规整，屋顶也富有层次，给人感觉变化多端。不同的面设置不同的功能，有公共电话、取款机、售票机等，互不干扰（见图3-78）。

这是奥地利萨尔斯堡的一个公用电话亭，黑色话筒的为插卡式的公用电话，红色话筒的为投币式的公用电

图3-77

图3-78

话，清晰明了。投币式的话机下方设有放硬币的托架，很体贴。地面上还设置了铁篦子，防止赃物给人脚下带来污染（见图3-79）。

这是荷兰阿姆斯特丹的一个公用电话亭，面向道路的一面设置了钢化玻璃，这样既可以看到往来车辆，又可以遮挡噪声。其色彩使用很大胆，嫩绿的颜色很活跃（见图3-80）。

图3-79

图3-80

图3-81

这是德国杜塞尔多夫的一个公用电话亭，用金属板搭建起十字拱的屋顶，使人联想到古罗马建筑，显得很古朴、典雅（见图3-81）。

这是德国柏林的一个公用电话亭，是一个多功能的、综合性的设施。其上面是时钟，下面是凹进的部分，人们可以在这里使用电话和上网（见图3-82）。

图3-83

九、游戏与健身设施

这是瑞典斯德哥尔摩的一处儿童游乐设施，红、黄、蓝的色彩搭配符合儿童的喜好，营造出了活跃的氛围。滑梯边缘进行了圆滑的处理，既美观又能保证儿童活动的安全（见图3-83）。

这是捷克布拉迪斯拉发的一处儿童游乐设施，木材质的小火车头吸引着孩子们跃跃欲试，骑在上面有一种征服感，或许其长大后就成了火车司机或是火车设计师（见图3-84）。

这是奥地利维也纳的一处儿童游乐设施，经过防腐处理的原木搭建成四棱锥形，上部顶着王冠，带有些许神秘感，吸引着儿童一探究竟（见图3-85）。

这是德国科布伦茨的一处儿童游乐设施，是一组以戏水为主题的儿童游戏设施，地面铺装的色彩、起伏营造出了不同的活动区域和活动内容（见图3-86）。

图3-84

图3-85

图3-86

图3-87

图3-88

这是德国纽伦堡的一处儿童游乐设施，这是德国纽伦堡市街头一组公共儿童游乐设施，孩子对着传话筒叫喊，小伙伴在远处的听筒就能收听到，具有趣味性（见图3-87）。

这是德国科隆的一处儿童游乐设施，花岗岩石钉铺成或凸起或凹陷的池子，自然而随意。这组儿童戏水池就坐落在闻名于世的科隆大教堂脚下，上帝看着孩子们快乐地、尽情地玩耍，似乎也会微笑（见图3-88）。

这是德国纽多特蒙德的一处儿童游乐设施，是不锈钢制成的、尺度很夸张的跷跷板。其不仅是儿童活动的设施，也吸引了大朋友来此一试身手（见图3-89）。

图3-89

这是德国汉堡的一处儿童游乐设施。欧洲大多数儿童活动设施都设置在绿植环抱、地形起伏、景色秀丽的自然环境中，在儿童活动场所几乎看不到橡胶地垫，取而代之的是沙子。其实这更符合儿童的天性，能够使孩子尽情享受自然，体验户外的野趣（见图3-90）。

图3-90

图3-91

十、围墙与护栏

这个木质的交通护栏以及护栏上的斑驳显得很古朴自然。为了保护树木，右侧的树穴位置设置了金属护栏，可见欧洲人对植物的重视程度（见图3-91）。

这个带倾角的水泥矮墙，既起到了防护作用，又形成了空间划分，也起到了营造景观的作用，甚至成为一个小景致（见图3-92）。

这个护栏构思非常巧妙，通过金属板条弯曲弧度与位置的变化和密集的排列，形成凹凸起伏的立面图案，充分发挥了材料特性，造价又不高，但颇具景观效果（见图3-93）。

这处道路一侧除了绿植，几乎看不到任何硬质设施，很生态环保。内侧是木桩子以及自然衔接的块石墙面，形成了非常灵活自由的防护设施（见图3-94)。

图3-92

图3-93

图3-94

图3-95

图3-96

这段护栏位于丹麦哥本哈根市政厅的坡道上，石材的护栏相对于古典风格来说线脚是比较简约的。特别引人注目的是，三个带翼神兽排列在护栏旁，仿佛审视着来往的游人（见图3-95）。

这段淡蓝色的铁艺交通护栏制作精良，图案也非常精美，不仅仅是防护设施，已经成为一件露天的街头艺术品（见图3-96）。

十一、自行车设施

这是匈牙利布达佩斯的一处自行车设施，平的托板方便人们临时放置东西，以腾出手来去开锁，很人性化。立板上开了许多孔，减少了沉重感，同时有利于不同身高的人的使用，找到合适的高度去锁车（见图3-97）。

这是德国乌尔姆市的的一处自行车存放亭，木质栏架既轻盈又环保。其标识设计很有特色，骑着自行车的人物图案形成了字母"P"，表明了其功能（见图3-98）。

这是德国纽伦堡的一处自行车设施，自行车前轱辘部分的铺装特意设计成金属板，以便于清洁卫生。拴自行车的环状部分设计得高度适宜，使用很方便（见图3-99）。

这是德国波恩的一处自行车停放设施，自行车架固定安装在花坛矮墙的立面上，占地面积不大。而且设置在台阶前，省得人们扛着自行车上下台阶（见图3-100）。

这是德国科隆的一处自行车设施，设置在小空间的阴角里，金属架大小高低不同，使不同的使用者都能找到使用方便的部位去锁车（见图3-101）。

图3-97

图3-98

图3-99

图3-100

图3-101

图3-102

图3-103

图3-104

　　这是德国多特蒙德的一处自行车设施，这个自行车停放架设计得很长，几乎和自行车等长，前轱辘卡在里面很严，保证车子不会倾斜，也减少了不必要的磕碰（见图3-102）。

　　这是德国汉堡的一处自行车设施，采用不锈钢圆管制成简化了的自行车形态，成为类似雕塑的景观小品，更重要的是形象化地表明了该区域的使用功能（见图3-103）。

图3-105

　　这是德国火车上的一处自行车设施，欧洲各国都通过多种方式鼓励自行车出行，为方便在异地工作的人群，自行车甚至可以随同主人一起上火车。火车上专门设置了这样的自行车固定架，有横式、竖式两种（见图3-104）。

十二、垃圾箱、烟灰缸

　　这是法国巴黎的一个垃圾箱，专门用于投放易拉罐、饮料的纸盒包装，箱体上的宣传广告提醒人们要把易拉罐压扁再投入，拉杆装置便于移动、倾倒垃圾箱（见图3-105）。

　　这是法国尼斯的一组垃圾箱，形式统一，细节设计很突出，不仅对垃圾投放进行了分类，而且针对不同垃圾的特性对投放口进行了专门的设计。左侧为杂志类，开口大小适宜；中间为玻璃杯类，用绿色圈加以强调，便于投放；右侧为污物类，特意设置了盖子，以有效保持外部的整洁（见图3-106）。

　　这是卢森堡街头的一个垃圾箱，是专门为投放宠物粪便设置的，以方便饲养宠物的人们使用，很好地保证了城市环境的整洁，非常人性化（见图3-107）。

图3-106

图3-107

图3-108

图3-109

图3-110

　　这是意大利维罗纳的一个垃圾箱，其对垃圾进行了非常细致的划分，并用不同色彩的顶盖显著地表达出来。绿色的是玻璃制品类，棕色的是有机物类，灰色的是不可回收类，蓝色的为纸张类，红色的为塑料类（见图3-108）。

这是德国法兰克福的一个垃圾箱，专门收玻璃制品，左侧为白玻璃，中间为棕色玻璃，右侧为绿色玻璃，充分体现德国人的严谨、细致（见图3-109）。

这是德国汉堡的一个垃圾箱，红色的垃圾箱非常醒目，体量小巧，可以很容易、很灵活地悬挂在灯杆、墙面等部位，且容易倾倒、整理（见图3-110）。

这是法国巴黎的一个烟灰缸，这个烟灰缸和垃圾箱组合在一起，吸烟者可方便地把烟头在外罩上捻灭，投入内容器中（见图3-111）。

这是芬兰赫尔辛基的一个烟灰缸，这个烟灰缸虽然与垃圾箱组合在一起，但分体设计，功能明确，互不干涉（见图3-112）。

这是德国汉堡的一个烟灰缸，这个烟灰缸形态很优美，具有一定的形式感。其体形纤细，放置在两个座椅之间，没有占用太大的面积（见图3-113）。

图3-111

图3-112

图3-113

图3-114

十三、街钟

这是英国伦敦格林威治时钟，位于本初子午线上的英国伦敦皇家格林威治天文台。在天文台的墙上镶着一台于1851年安放的大钟，直径92厘米，世界标准时间格林威治时间就由此钟表明（见图3-114）。

这是法国巴黎街头的"所有时间"，这座钟高4.5米，十分醒目，坐落在法国巴黎圣拉萨车站前，由法国著名雕塑家阿芒创作，建造于1885年。这座怪模怪样的钟由数十个废弃的大时钟堆砌组合而成，造型既抽象又前卫，充分体现了法国人独有的浪漫和激情（见图3-115）。

这是德国柏林的"世界时钟"，也称为乌拉尼娅世界钟（乌拉尼娅是希腊神话中女神的名字）。大钟坐落在德国柏林亚历山大广场，由埃里希·约翰设计，于1969年为庆祝原民主德国成立20周年而建造。时钟呈磨盘形，由一个圆柱从地面托起，高10米，盘的外缘部分被划分成24个区域，地球上不同的国家以图解方式按其地理位置划分，并显示有世界各大重要城市的准确时间。其建造材料为钢材、铝合金和搪瓷等（见图3-116）。

图3-115

图3-116

图3-117

图3-118

图3-119

图3-120

图3-121

这是德国慕尼黑的一个街头钟，坐落在墙角的鱼尾人身女神背插双翅，双手捧着沙漏，头顶着时钟，时钟的表盘上写着"HUBER"。德国Huber公司是高精度控温技术领域的领导者，以时钟作为其追求精细的象征（见图3-117）。

这是德国乌尔姆的一个街头钟，卡通画的表盘背景，做成鸟的剪影形状的摆针，玻璃窗里摆着的白色铃铛，构成了这个具有传统风味又很有趣味的街头挂钟（见图3-118）。

这是德国杜塞尔多夫的一个街头钟，设计非常简洁现代，颜色稳重的金属边框形成了向下的箭头形状。最上端是时钟，便于人们从很远就能看到，下边是指示路牌，两者结合很是巧妙（见图3-119）。

十四、公共卫生间

这是法国巴黎街头的一个公共卫生间，金属穹顶状屋顶与周边的古典建筑很吻合，翠绿色的墙面与周围绿色的护栏、公共座椅非常统一（见图3-120）。

这是瑞典斯德哥尔摩街头的一个公共卫生间，敦实的造型，仿石材墙面，深重的色彩，加上半圆筒状的顶部，显得稳重、古朴。精致的黄铜把手和标识，带来了一缕清新的气息（见图3-121）。

这是匈牙利布达佩斯的一个较大型、田园风格的公共卫生间，在前面的告示栏和中间乔木的映衬下，具有丰富的景观层次（见图3-122）。

这是德国莱比锡的一个公共卫生间，与公共汽车候车亭结合在一起，在结构上支撑着候车亭的屋顶，在功能上极大地方便了候车者的使用（见图3-123）。

图3-122

图3-123

图3-124

图3-125

这是德国汉堡街头的一个免费公共卫生间，不过只局限于小便。钢架、磨砂玻璃的结构建造快捷、经济，侧面露出一小段屋顶排水管，能使人体会到设计的细致程度（见图3-124）。

这是德国汉诺威街头一个免费使用的公共卫生间，绿色金属板墙面上的涂鸦清楚地表明了其免费的性质（见图3-125）。

十五、饮水设施

这是西班牙巴塞罗那的一个饮水装置，这个街头饮水装置与景观灯合二为一，让人在夜晚也能安全使用。其造型透着古典主义的精致、细腻，四个方向均设有水嘴，保证饮用者使用时互不干扰（见图3-126）。

这是奥地利维也纳的一个饮水装置，白色石材的纯洁与黄铜的高贵，共同打造出了这个装饰性很强的公共饮水设施（见图3-127）。

这是瑞士苏黎世的一个饮水装置，黑色的石材很醒目，对形体的处理自然中又有人工的雕琢，实现了饮水功能与景观装饰的完美结合（见图3-128）。

这是意大利罗马的一个饮水装置，古老的造型，带有岁月侵蚀痕迹的斑驳色彩，已经部分磨损的石材雕刻，和这座城市一起诉说着古罗马曾经的辉煌和沧桑（见图3-129）。

这是德国多特蒙德的一个饮水装置，这个黄铜制成的饮水台柱子部分造型很粗犷，台面却刻画得异常细致柔美，形成了鲜明的对比，让人过目不忘（见图3-130）。

图3-126

图3-127

图3-128

这是法国戛纳的一个饮水装置，简化了的古典主义风格造型，酒杯形的饮水台座，不经任何雕刻装饰，人物的头部也进行了概括（见图3-131）。

图3-129

图3-132

图3-130

图3-131

十六、无障碍设施

这是德国吕贝克的一处无障碍设施不锈钢楼梯扶手的局部，在扶手起始、结束的位置刻上了文字和盲文，使盲人能及时知道楼梯段的开始与结束（见图3-132）。

这是法国巴黎的一处无障碍设施，欧洲许多国家的路口信号灯是自助式的，行人过马路时按下按钮，待合适的时间机动车指示灯就会变红，而且还会伴随不同的声音提示，保证盲人、弱视者也能及时了解交通状况的变化（见图3-133）。

为了方便残疾人使用，卫生间采用了电动门，开关按钮的位置醒目，高度适宜（见图3-134）。卫生间的墙壁上安装了各类辅助残疾人使用的扶手和设备，功能非常完善

图3-133

图3-134

（见图3-135）。卫生间内还设置了安全放置婴儿的可折叠
设施，方便怀抱婴儿的人士安心如厕（见图3-136）。

图3-136

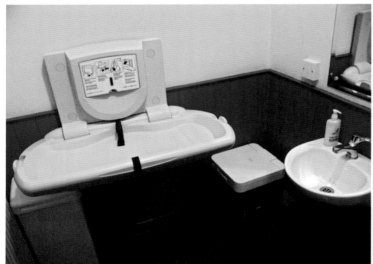

图3-135

图3-137

无障碍公交车的标识明显，非常易于识别（见图
3-137）。有些是为残疾人量身定做的专车，里面有固
定轮椅的位置，上下车的位置有供轮椅上下车用的可
抽拉踏板。特制的自动升降平台使残疾人可以自己驱
动轮椅进入平台，也可以自己控制平台升降，进入车
厢（见图3-138、图3-139）。公交车的地板距离地面比
较近，侧门处有升降平台设置，残疾人上下车时车门
的踏板处能伸出一块与车门等宽的防滑垫板，这样可
以照顾腿脚不灵便的老龄人群（见图3-140）。

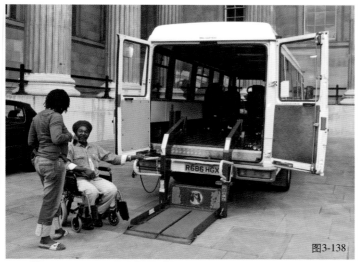
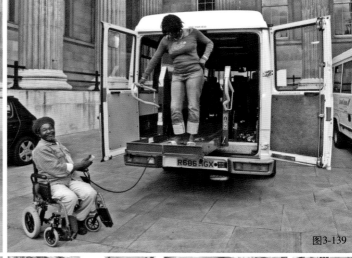

图3-138

图3-139

图3-140

图3-141

　　车子的后门也可放下垫板形成坡道，坐轮椅的乘客可以被推进车厢并固定（见图3-141、图3-142）。无障碍公共汽车停靠时，车身底部伸出踏板，搭在车辆与人行道之间（见图3-143）。甚至有的无障碍公交车还具有底盘升降系统，汽车进站时整个车厢向车站方向倾斜下降，方便轮椅、婴儿车顺利通行。

图3-142

图3-143

第四章 课程设计作品赏析

一、景观小品

4-1 景观小品设计·室内设计专业·郭晓虹

【教师点评】

　　在所有的景观小品之中，各式各样的亭子是最为常见也是极其重要的形式，其是游人临时驻足、停靠小憩、观赏周边景色之所，同时又是景色的重要组成部分，甚至作为主要的景点出现，是一定区域内的主角。该设计方案注重亭子单体的创意设计，同时注重其与周围环境的融合。该设计采用生态材料，构造简洁，两个亭子形成高低变化，错落有致。后面有高大的乔木作为背景，前面的假山石将亭子掩隐于后，引人入胜。假山石之上隙植花草灌木，与背景树相呼应的同时，也平添了些许野趣，使生活在闹市的人们流连其间，暂时遗忘身旁的喧闹。

4-2.景观小品设计·室内设计专业·徐望舒

【教师点评】

　　绝大多数景观小品都有实用意义，除艺术造型美观上的要求外，还应符合实用功能及技术的要求。该作品为现代廊架的设计，采用拉索技术与膜结构，为在其下休息的人们提供阴凉，形成了怡人的环境。其造型极具特色，厚重的柱子越发衬托出顶棚的轻盈，仿佛展翅欲飞。重复排列与顶棚角度的变化极具韵律之感，给人美的享受。

4-3 景观小品设计·室内设计专业·孙玲

【教师点评】

　　景观小品设计必须要统一于总体的艺术风格，协调而不乏味，富于变化而不至于散乱。景观小品的设计既要有自己的鲜明特征，又要统一于整体环境之中。该廊架完全采用木质材料，给人亲切自然之感。其上部顶棚采用井字网格结构，便于攀爬植物生长，到了炎热的夏季就成为了纳凉的绝佳去处；到了冬季，万物凋零，处于其间又能充分享受阳光的温暖照射。其中心部分留空，使一缕阳光透入，形成了丰富的光影和明暗变化。

4-4 景观小品设计·景观设计专业·梁雪瑞

【教师点评】

　　叠山理水素来就是园林景观重要的造景手段之一，其造型千姿百态，寓意隽永，令人叹为观止。叠山理水创造的山水景观往往力求再现大自然的靓丽风采，以小见大，使得园林景致山美如画，水秀如诗。该方案充分运用叠山理水的传统手法"随形就势，削低垫高"，体现了叠山理水艺术的"凝固美与含蓄美"，并且注重山、水、植物的配置与相互的映衬关系。"山因水而峭，水因山而媚"，加上有了植物的装点，更显自然之趣，是游人乐于驻足赏析的场所。

4-5 景观小品设计·室内设计专业·黄思达

【教师点评】

　　景观小品是构成景观环境的重要环节，景观环境又是景观小品广阔的背景空间。优秀的景观小品可以烘托出优美的景观空间，任何一个极小的景观小品都会影响到整个环境的总体效果。该方案为欧陆风情的花钵，石材基座将主体花钵高高举起，在蓝天的背景之下，与其中的应季花卉共同形成人们视线的焦点。它在环境中的出现，也使游人预知了后续景观的整体风格走向，为景观序列的展开起到铺陈的作用。

4-6 景观小品设计·室内设计专业·赵福然

【教师点评】

　　景观小品作为环境的主要点缀物，通常在体量上力求精巧。然而其体量虽小，造型却更加注重精致和变化，设计时力求做到"景到随机，不拘一格"。该方案设计在极小的尺度空间内，水体、植物、景墙、装饰品各景观要素层次分明，相互映衬。墙面既可做整体的背景，又形成了框景。植物点缀了墙体的死角，又充当了水钵的背景。水钵与水形成水平、垂直的对比。从图面上可以明显感受到，该方案考虑了不同角度的赏景感受。

4-7 景观小品设计·室内设计专业·孙小婷

【学生体会】

　　在这个景观小品的设计中，我尝试突破廊架设计的固定形式，所以将其设计成为具有强烈的现代感，以钢架、玻璃为主要材料。钢架的形式十分新颖，突出了材料本身特性，除具有遮风避雨、组织游览线路的实用功能外，还由于独具特色的形态，具有极强的观赏特性，形成非常优美的景点。同时强调廊架各部件精密连接带来的现代科技之美，并融入艺术美学的基本规律，达到艺术与技术的统一。此外，除了考虑自身的塑造，还重视其与周围环境的关系，使环境和小品巧妙地结合为一个有机整体。种植池与外部环境的植物相互呼应，营造了优美、完整的景观效果。

图4-8 景观小品设计·室内设计专业·苏时果

【学生体会】

　　这个装饰性很强的小品位于居住宅建筑的出入口。方案立意是希望通过景观设计营造一种温馨、活跃的氛围，使人们在经历一天的工作归来后，沿踏步而上，花香扑鼻，花色怡人，未进家门便感到一丝惬意。本方案以各种固定的以及可移动的花钵、瓶饰等装置为载体，种植多种盆栽花卉，装点立面，软化墙面的生硬感，美化了环境。这种灵活的装饰方式便于根据植物的花期随时、随意更换应季花卉，使其在不同的季节呈现不同的景色，充分展现植物素材的生命活力。

图4-9 景观小品设计·室内设计专业·王亚南

图4-10 景观小品设计·室内设计专业·苏时果

图4-11 景观小品设计·室内设计专业·苏时果

二、公共座椅

图4-12 公共座椅设计·景观设计专业·王斯婷

【教师点评】

　　由于设计观念、制造工艺水平、制作成本等多方面的限制，座椅的靠背通常被处理成平面，但这并不符合人体背部的曲线，达不到舒适的使用要求。在现代公共座椅设计中，线条的变化更加丰富，形体的塑造更富魅力。由于新材料层出不穷，为设计师提供了丰富的物质支持，因而在座椅的设计中，流畅的曲线逐渐占了上风。该设计作品的座椅座面、靠背、椅腿浑然一体，采用木条为主材，沿着座椅进深方向做曲线渐变的艺术化处理，使座椅充满节奏与韵味，既具有休息、倚靠等实际使用功能，同时又是极富美感的现代艺术雕塑。更重要的是，这种渐变可使不同身高、身材的人都能找到最舒服的坐靠姿势，充分体现了现代座椅设计中的人文关怀。

图4-13 公共座椅设计·景观设计专业·吴尚荣

【教师点评】

公共座椅设计要与所处的外部景观环境相协调、相适应，其协调性并不是被动地适应环境需要，它可以在构成景观系统的诸多要素中有自己相对独立的体系，优秀的公共座椅设计可以对环境整体起到画龙点睛的作用。本设计地处优美的城市滨水景观带，选材、造型都体现了休闲的取向，对座椅的两端做了重点考虑，靠背与扶手结合在一起，并没有进行简单的封闭处理，而是采用通透材料，采取穿透处理法，形成耐人寻味的"虚空间"，加之适宜的尺度与形态，使其成为游人坐、靠的最佳选择。方案采用马克笔快速表现，主体突出，材质表达准确，配景也很好地起到了烘托气氛的作用。画面用笔放松，具有很强的景观设计表现图的艺术创意与美感。

图4-14 公共座椅设计·景观设计专业·田帅

【教师点评】

从某种意义上讲，座椅是采用不同材料构成的一个供人坐靠的虚空间。座椅的虚实空间是相互矛盾又相互统一，相互依托又相辅相成的。本设计作品最突出的特点在于充分尊重人的行为心理，充分考虑不同人群对外向、内向空间的使用需求。既可以进入座椅围合成的内部，享受内向、私密的休息、交流空间；又可坐在外围，感受外向、开敞的开放性空间。遮阳伞的设置更是全面诠释了"以人为本"的设计理念。方案背景设置在茂密的灌木丛，使身处其中休息的人顿感放松。作品的表现非常注重光影关系的塑造，使画面的远近、明暗等关系得到了充分表达。

图4-15 公共座椅设计·景观设计专业·石惠

【教师点评】

创意是设计师知识、修养和观念的体现，也是设计师对生活的感悟而迸发出来的灵感。丰富的想象力是创意的灵魂，如果没有想象力，创意就会贫乏、枯萎。本设计方案看似是个很普通的庭院藤制吊椅，但设计者体会到庭院空间狭小，户外吊篮椅利用相对少的特点，不局限于外在造型，而是从工艺结构深入思考与创新，呈现出可折叠式的吊椅，解决了日常生活中遇到的实际问题，诠释了设计的真谛。作品采用单色钢笔线的形式表现，素雅而细腻，充分表达了设计创意，展现了座椅的形态和材质。

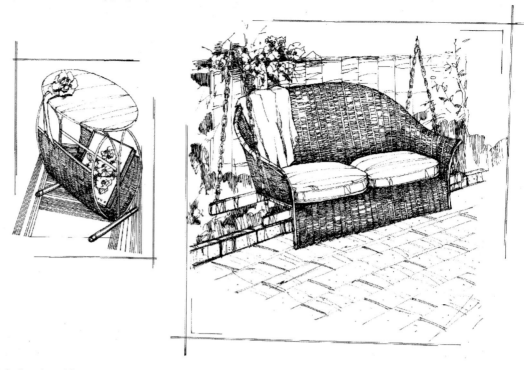

图4-16 公共座椅设计· 景观设计专业·侯亚楠

【教师点评】

椅子都有自己的符号特征，有特定的文化内涵，虽然坐、靠休息是其本源的功能，但不能从单纯满足功能需求来解释。景观座椅的设计既要满足基本功能，同时还要根据场地环境具备景观的其他延伸功能。本方案设计就是典型的例子：既是座凳，又有分隔空间、形成框景的造景作用，"DC"两个缩写的字母还具备标志性，可谓一举多得。从中不难体会设计者的独具匠心，也能感受到现代景观与风景园林在造景处理手法上的一脉相承。

【教师点评】

　　创意是思想的火花，其最终还是需要通过具体形态与艺术手法来体现，对形态的研究与认识是座椅设计中很重要的方面。形态要素无非是点、线、面、空间、色彩、肌理等内容，对公共座椅设计而言，与形态、空间相比，线更为重要。本方案设计通过木线条重复排列，形成较强的节奏感，结构清晰，造型简洁，充分利用了材质自身的特性，给人以很强的美感。画面表现技法娴熟，线条张弛有度，对材质的刻画恰到好处。植物的绘制笔法粗犷，立体感很强。

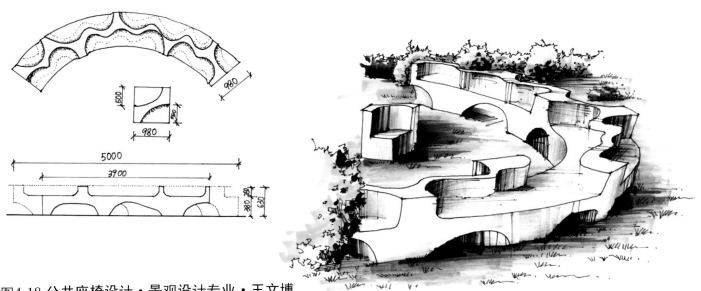

图4-18 公共座椅设计·景观设计专业·王文博

图4-19 公共座椅设计·景观设计专业·王斯婷

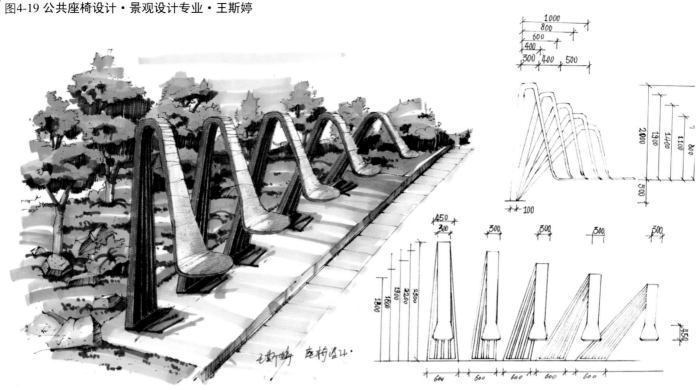

【学生体会】

　　本方案设计充分利用了现代材料的性能，展示当代科技的力量。每个座凳都能自成一体，满足人们在现代环境中私人空间的需求；当需要组合的时候又可以通过相互搭配，形成强烈的韵律变化。色彩选择使用红色，与大面积的绿化形成鲜明对比，使该座凳成为装扮城市的景观小品，吸引游人的关注，提高座凳的使用效率。手绘能够用最短的时间将设计构思记录下来，直接而快捷地表现设计想法，将抽象的概念直观化。我非常重视手绘技法的艺术特点和优势，会不断加强手绘能力的培养，强化设计思维能力和快捷表达能力的训练，不断提高自己的专业水平。

图4-20 公共座椅设计·景观设计专业·梁学山

图4-21 公共座椅设计·景观设计专业·宋芯瑶

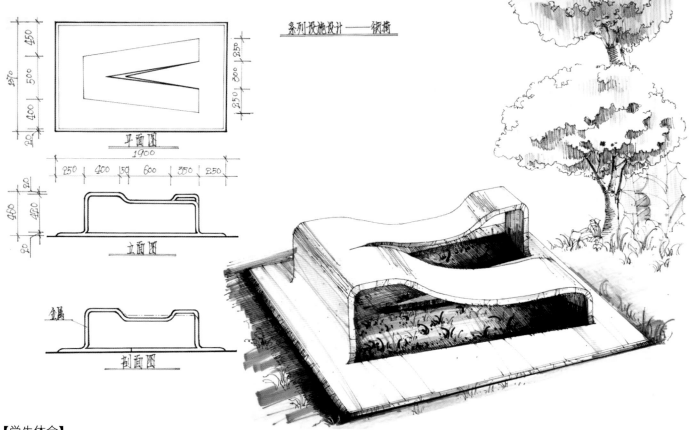

【学生体会】

　　我认为公共休息座凳的设计必须首先考虑最大限度地为人们提供舒适与便利，同时还要考虑不同人群的使用和不同的使用方式。我将座椅面设计成了高低起伏的形式，这样不同身高、不同年龄、不同性别的人都可以很方便地使用。此外我还将一侧的座椅设计成了躺椅的形式，丰富了座凳的使用形式与功能。

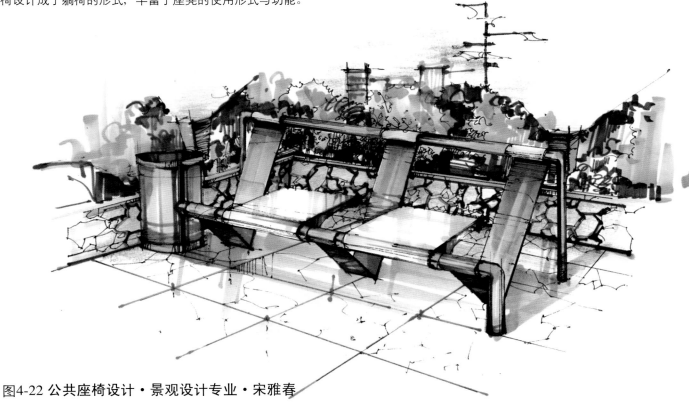

图4-22 公共座椅设计·景观设计专业·宋雅春

图4-23 公共座椅设计·景观设计专业·曹溶萱

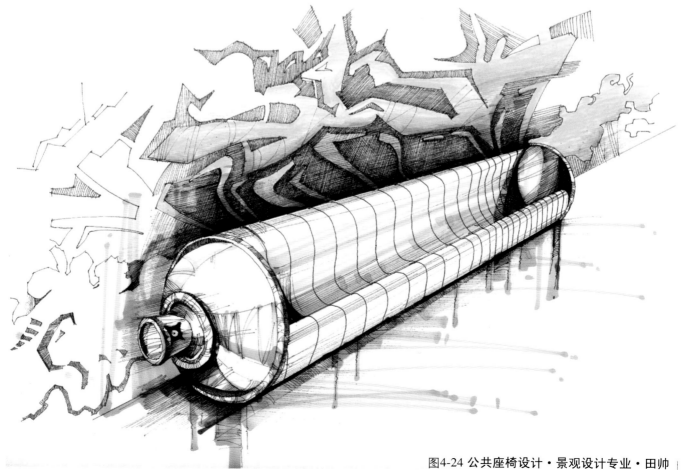

图4-24 公共座椅设计·景观设计专业·田帅

图4-25 公共座椅设计·景观设计专业·宋芯瑶

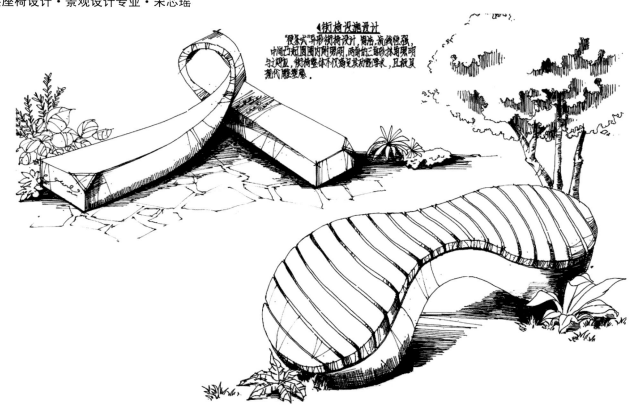

图4-26 公共座椅设计·景观设计专业·宋冠达

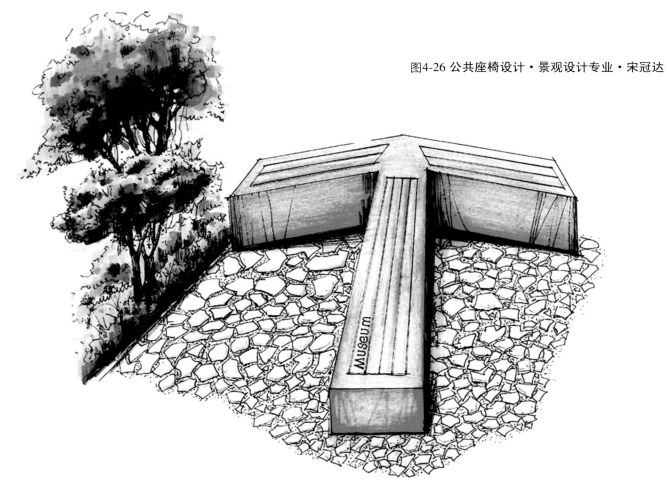

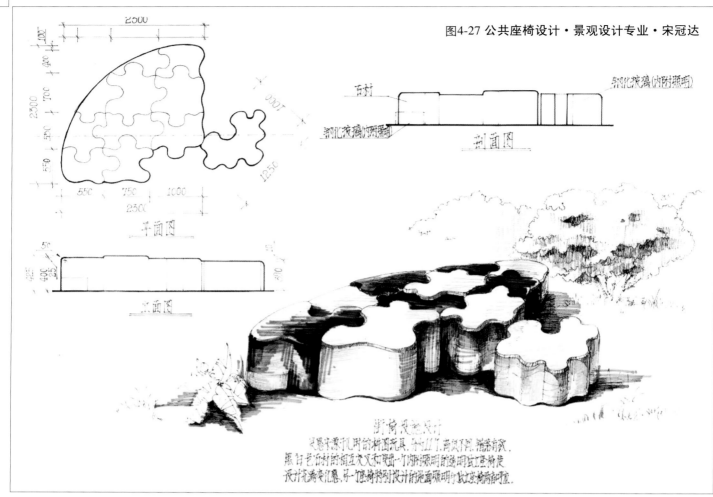

图4-27 公共座椅设计·景观设计专业·宋冠达

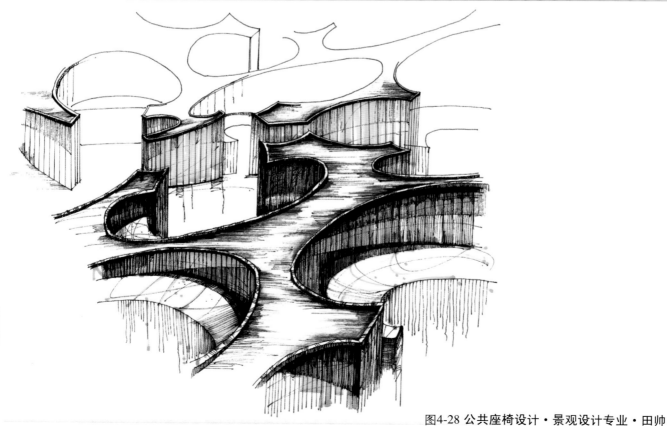

图4-28 公共座椅设计·景观设计专业·田帅

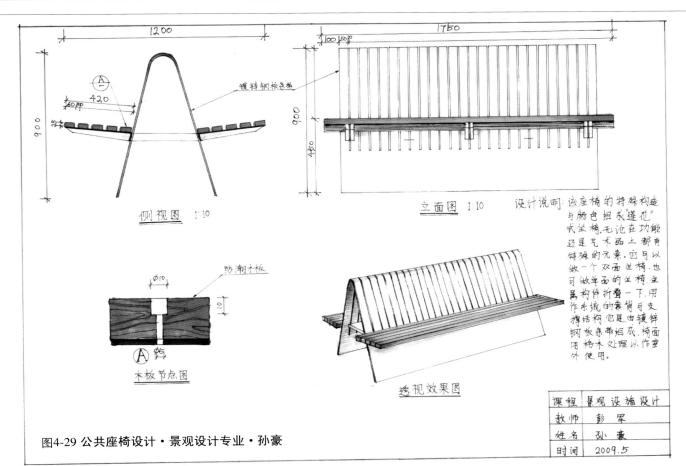

图4-29 公共座椅设计·景观设计专业·孙豪

设计说明：该座椅的特殊构造与颜色担承"莲花"式坐椅，无论在功能还是艺术品上都有特殊的元素，它可以做一个双面坐椅，也可做单面的坐椅，全属构件折叠一下，用作系统的靠背与支撑结构。它是由镀锌钢板条带担成，椅面用椅木处理以作室外使用。

课程	景观设施设计
教师	彭军
姓名	孙豪
时间	2009.5

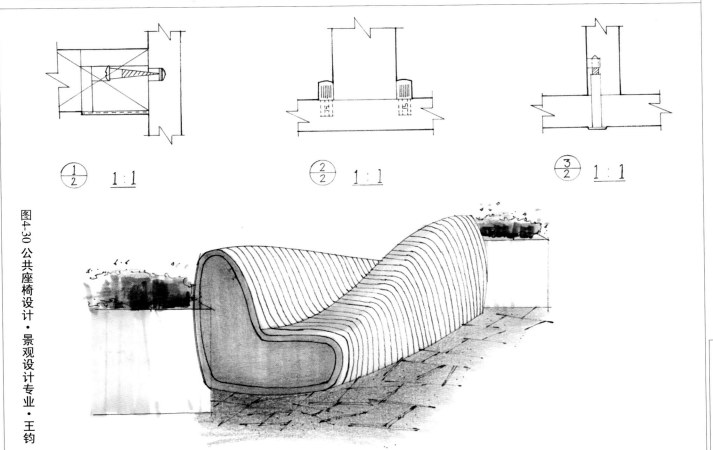

图4-30 公共座椅设计·景观设计专业·王钧

图4-31 公共座椅设计·景观设计专业·张钦

图4-32 公共座椅设计·景观设计专业·刘昊明

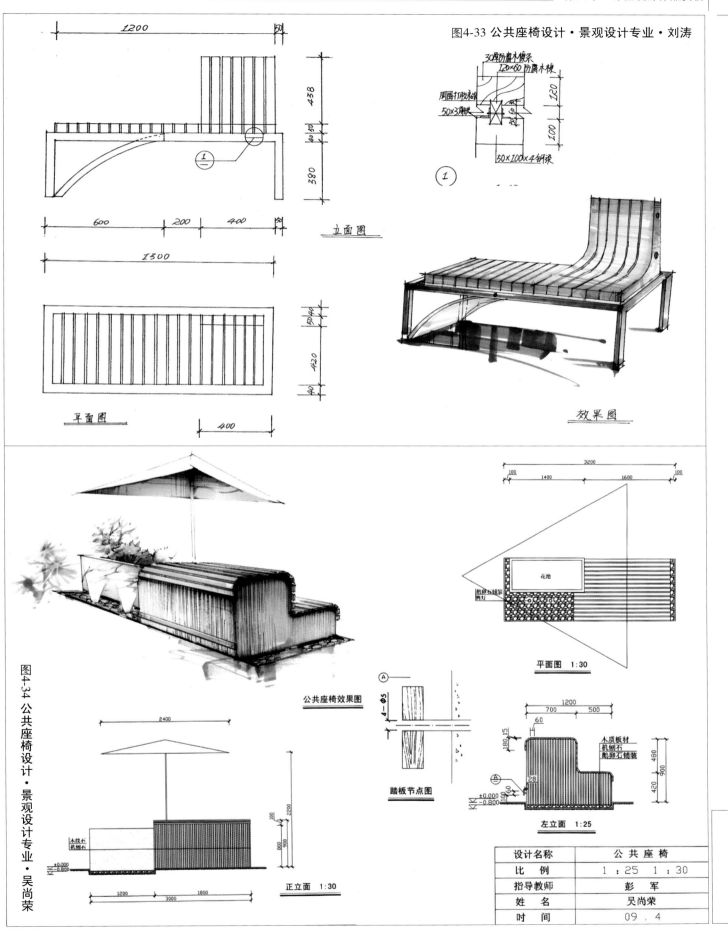

图4-33 公共座椅设计·景观设计专业·刘涛

30厚防腐木横条
120×60 防腐木楼
周围打胶为油
50×3钢板
50×100×4钢梁

1

立面图

平面图

效果图

图4-34 公共座椅设计·景观设计专业·吴尚荣

公共座椅效果图

踏板节点图

正立面 1:30

平面图 1:30

左立面 1:25

木质板材
机刨石
鹅卵石铺装

设计名称	公共座椅	
比 例	1:25	1:30
指导教师	彭 军	
姓 名	吴尚荣	
时 间	09.4	

097

图4-35 公共座椅设计·景观设计专业·李春静

图4-36 公共座椅设计·景观设计专业·王雅煊

图4-37 公共座椅设计·景观设计专业·李靖

图4-38 公共座椅设计·景观设计专业·马鹏

三、照明设施

街灯设施设计

图4-39 路灯设计·景观设计专业·宋芯瑶

▶街灯照明设施设计

酷似瓷瓶的街灯设计侧面各灯大水不一的
捅弧圆孔挖洞，上面十象火的辅圆顶为主要照明，其余
的圆孔为辅助照明，光从各孔中射出光束，给人青蓄树雨
雪瞻化。

05级环艺景观班 宋芯瑶

【教师点评】

灯具设计的最高境界是见光不见灯，这是从整体环境的角度考虑的。灯具毕竟是配角，能弱化就弱化，只要能满足照明，造型越小越好，看不到最好。景观环境中的灯具则不仅仅作为照明灯具来使用，同时也是一个个雕塑，甚至是环境中的点睛之作。本设计方案着眼于景观灯的装饰作用，强化它的雕塑感，丰富了空间景色。"蚌里含珠"的主题展现了该景观环境的地域特色和场地精神。画面明暗光影表现真实，有虚有实，色彩运用和谐。

图4-40 路灯设计·景观设计专业·马晨

【学生体会】

在完成课程习作的过程中，我充分理解到景观公共设施绝不能仅仅满足人们对其基本功能的需要，人们对其艺术造型的景观效果，尤其是视觉效果有更高的要求。景观灯的设计就是其中最典型的例证，绝不能仅仅将其设计为夜间照明的工具，更应该思考它在白天对环境的景观效果造成的影响。我尝试将灯具的形态塑造成景观雕塑的形式，仿佛破土而出的嫩芽在尽情地成长，象征着城市蓬勃的生命力和崭新的明天。

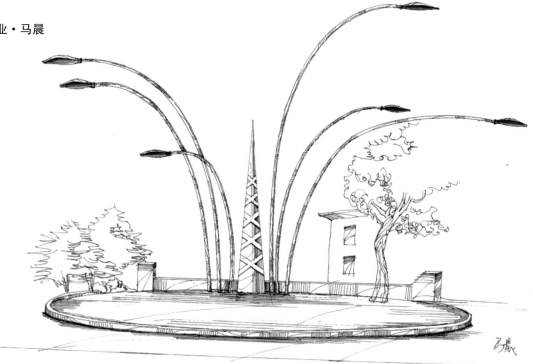

【学生体会】

　　景观灯不是简单的路灯，当然合适的照度、光色是其设计需首要考虑的问题，但它要在具备基本的照明功能的基础上具有更多的综合功能。我理解景观灯应该具有美的艺术形式，要能充分地融入环境，甚至是所在景区的点睛之笔，至少能够符合景区的主题。我的设计场地是城市生态公园鸟类展示区，所以在景观灯的造型上将灯具的头部做成了不同姿态的鸟类雕塑，使其具有很好的展示效果和信息传达功能。

图4-42 路灯设计·室内设计专业·李启凡

图4-43 牛首山佛教体验区灯具设计·盖也

【教师点评】

　　方案选取了佛教中具有吉祥、万福之意的"卍"字纹为设计元素，组合形成了象征牛头山的"牛头"符号。灯体整体造型如转经轮，又如高耸伫立的佛伞，取其祈福、肃清之意，并以黄、黑色为主色调，大气、深沉。

图4-44 牛首山佛教体验区灯具设计・贾会颖

【教师点评】

　　整个设计以牛首山佛教体验区唯一现存完整的弘觉寺塔的造型为依据，该部分景观的主题是拾级寻佛踪，通过佛学修行的过程突出修佛等级的层次性，而塔的造型正符合了这种层次等级关系。"寻佛踪"是一个佛学禅修的过程，是一个从初始到明道的过程。"闻思修"体现的是佛学修行的层级关系，通过塔由闻而思，由思而修，由修而证，乃修学通途。灯具的整体造型体现了佛学文化的修行过程需要经过层层等级的磨练，不断领悟，以达到明理、明道、证得道果。

图4-45 路灯设计·景观设计专业·马晨

图4-46 路灯设计·景观设计专业·马晨

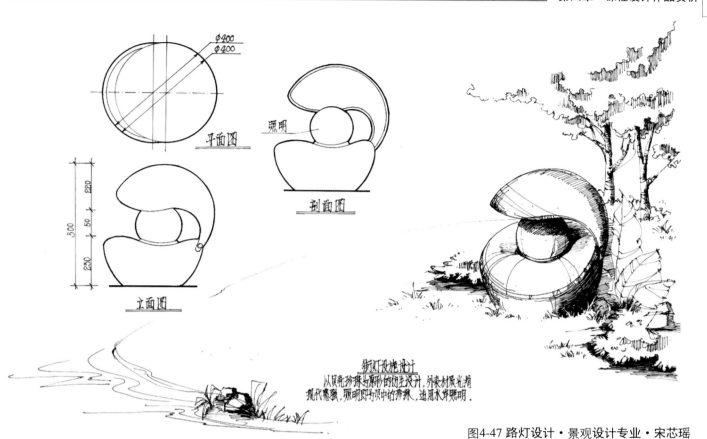

$\phi 400$
$\phi 400$

平面图

照明

剖面图

500
220
50
230

立面图

街灯设施设计
以贝壳珍珠与泥沙的仿生设计，外表材质光滑
现代感强，照明即贝中的珍珠，选用水岸照明。

图4-47 路灯设计·景观设计专业·宋芯瑶

图4-48 路灯设计·景观设计专业·宋雅春

四、指示设施

图4-49 指示牌设计·景观设计专业·宋雅春

【教师点评】

　　人类在环境活动需要引导、说明、提醒、警示或介绍，以尽快熟悉和适应环境，尤其是在当今高速发展着的现代信息社会。景观标识作为城市公共设施，应该向人们传达许多信息。景观标识不仅能够以造型美化环境，而且能通过形态、色彩、材质等辅助信息的传达，引人注目。本方案设计在形态上曲直相互映衬、对比，既严肃又灵动。展板处于不同高度，适合不同身高的人使用。标志牌图面非常丰富，很好地融入了环境。单色远景建筑的处理增强了画面的深远感，前、中、远景层次丰富且分明。

图4-50 指示牌设计·景观设计专业·

图4-51 指示牌设计·景观设计专业·宋雅春

【教师点评】

　　指示牌的设计要在充分满足功能需求的基础上，充分体现创意性与独特性，并能够最大程度地满足人们的审美情趣。实践证明新颖的、有较强对比关系的形态比其他形态更容易吸引人们的关注。本方案设计虚实相映，既有实体的封闭、厚重的感觉，又有透明材质的通透和镂空的开朗化处理，非常引人注目。地面铺装也被作为信息的延伸，起到了提供指引信息的作用。该作品图面注意材质的表达，更注重光影明暗的变化，强调主景与配景的关系，画面非常完整，主次分明。

图4-52 指示牌设计·景观设计专业·

【教师点评】

　　这是一组设置在工业园区入口处的指示牌，力图在设计上突破司空见惯的形式，明快的色彩突出了识别性；富有律动的造型能够吸引人们的注意力，强化了功能性，具有现代设计的美感。

图4-53 指示牌设计·景观设计专业·宋冠达

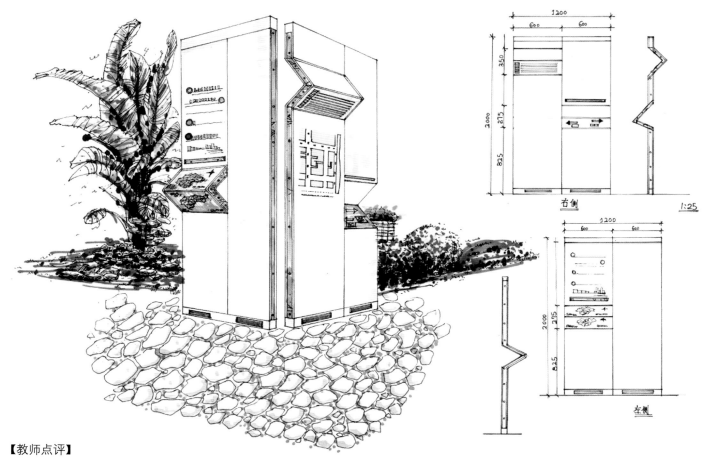

【教师点评】

标识设计是运用科学合理的技术和艺术手段，通过对实用性进行研究，最大限度地利用环境景观的空间，创造出功能性强的环境视觉识别系统，满足人们在环境中的行为和心理需求。此方案为城市道路交通指示牌，设计形体简洁，但是细节很精致。展板成直角相交，可以避免人群相互干扰。该指示牌信息含量很高，包含附近地区的地图、周边主要建筑的信息、电子查询屏幕等，充分考虑了人们的查询需求。

图4-54 指示牌设计·景观设计专业·贾会颖

图4-55 指示牌设计·景观设计专业·黎婵娟

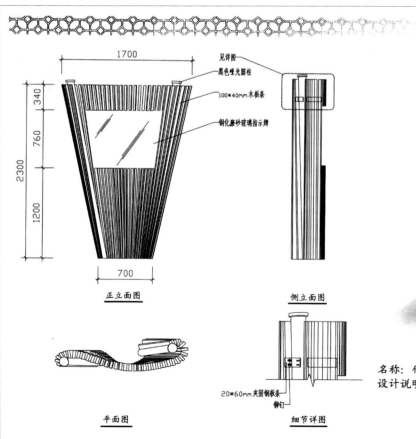

1700

340
760
2300
1200

700

见详图
黑色哑光圆柱
100×40mm木板条
钢化磨砂玻璃指示牌

正立面图

侧立面图

平面图

20×60mm夹圆钢板条
铆钉

细节详图

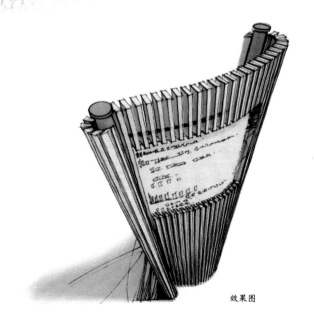

效果图

名称：竹简引导牌
设计说明：设计灵感来源于民族传统元素竹简，通过
木块与木块的拼接排列，展现竹简古文化
的奇特韵律。

图4-56 指示牌设计·景观设计专业·张俊龙

五、候车亭

图4-57 候车亭设计·景观设计专业·田帅

【教师点评】

　　候车亭顾名思义就是等候公交汽车的亭子，设计师要创造轻松舒适的候车环境，包括挡雨设施、垃圾桶、座椅、广告牌、乘车路线图、夜晚的灯光效果等。这一公交候车亭设计充分体现了现代都市对信息、人本主义及环保生态等理念的追求。该设计除基本的广告栏、汽车线路牌外，还设置了可折叠式候车椅、投币售报机和垃圾桶，极大地方便了乘客使用。效果图采用了马克笔快速表现形式，线条流畅，落笔肯定，重点突出，很有设计创意图的味道。

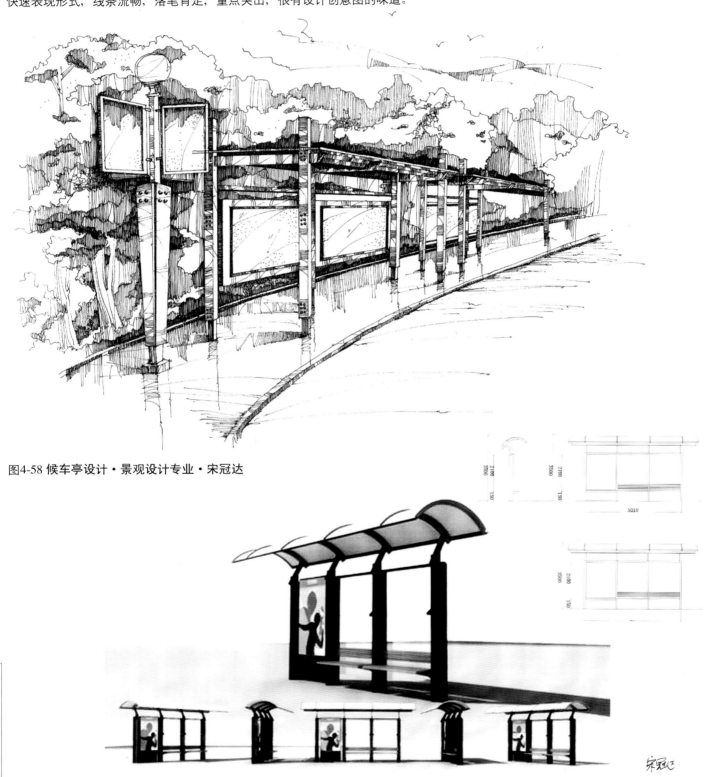

图4-58 候车亭设计·景观设计专业·宋冠达

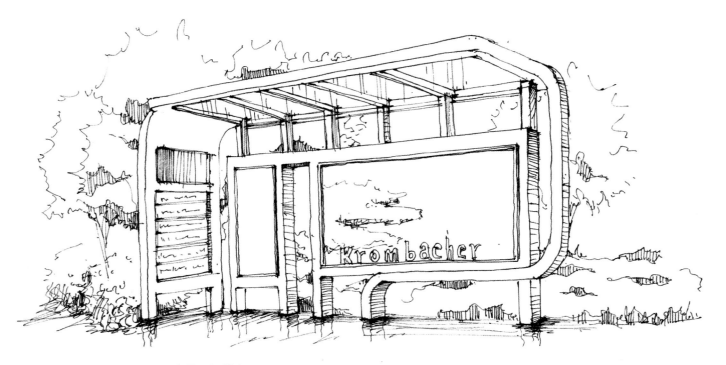

图4-59 候车亭设计·景观设计专业·梁学山

【教师点评】

　　公交候车亭已经成为一个城市景观的重要元素，是城市建设中不可或缺的组成部分，是一个城市的窗口。该设计以外形取胜，整体简洁明快，线条流畅。其遮阳顶棚、立柱、休息座凳、站牌融为一体，一气呵成，体现了在现代材料、技术及工艺作用下的审美取向，展现了在现代化进程中一座城市朝气蓬勃的面貌。

图4-60 候车亭设计·景观设计专业·尹柏程

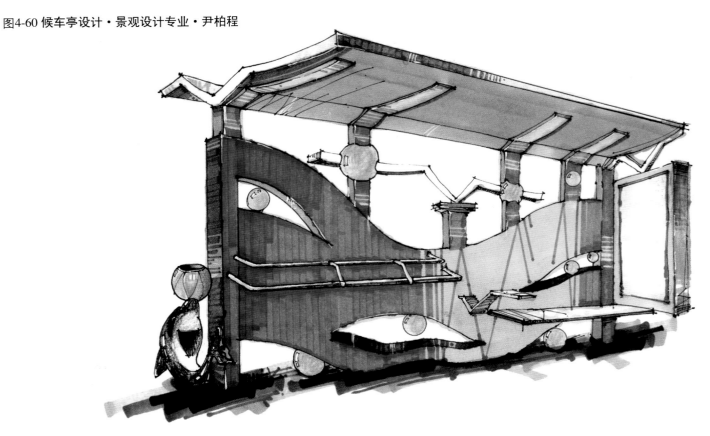

图4-61 候车亭设计·景观设计专业·彭奕雄

【学生体会】

　　我的设计方案强调候车亭的整体感觉，用不锈钢管将遮阳顶棚、支撑柱、站牌、休息座凳完整地连接成一体。站牌信息放置在侧面，使候车人观看信息的时候还能观察到来往车辆。考虑到儿童的使用需求，座凳被设计为具有不同高度。我觉得快速手绘表现图往往具有独特的艺术审美价值和感染力，它不是普通的绘画作品，而是设计师表达设计构思和设计意图的工具。因此，设计师在作画时不必像普通绘画作品那样追求形式的完整，而应该力求表达设计师的设计用意。此外，手绘表现图不仅要注意绘图的技巧，也要遵守构图的准则，如效果图左右的两棵乔木形成框景，很好地突出了主景。

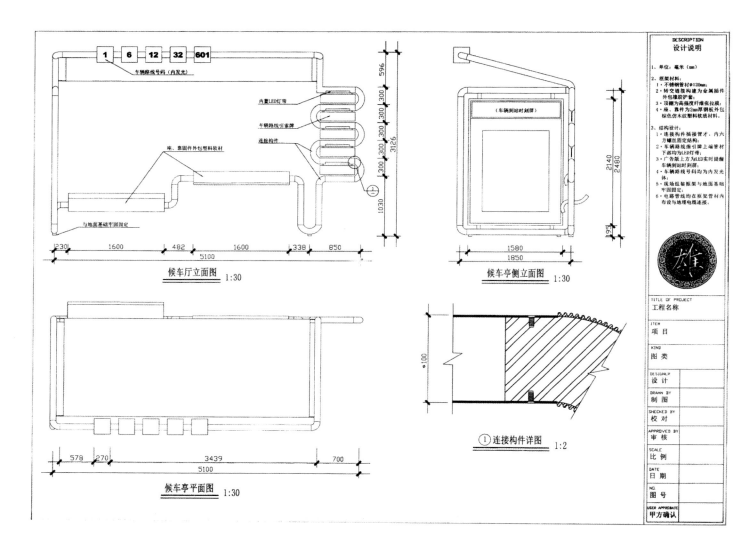

图4-62 候车亭设计·景观设计专业·彭奕雄

图4-63 候车亭设计·景观设计专业·刘爽

透明ABS塑料

t4带反光罩节能灯

站牌（阻燃塑料板）

电子显示屏

地图

扶手（铝合金）

简约座椅（阻燃塑料板）

图4-64a 候车亭设计（钢笔稿）· 景观设计专业 · 王斯婷

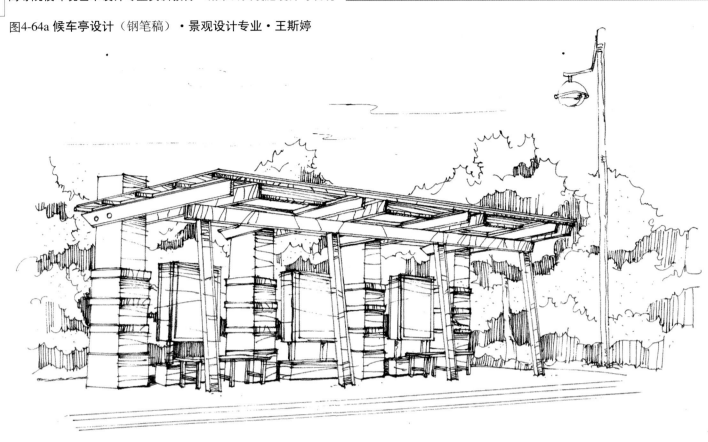

图4-64b 候车亭设计 · 景观设计专业 · 王斯婷

图4-65 候车亭设计·景观设计专业·牧瞳

【学生体会】

　　见多了太多的"现代、科技"，城市人期盼"回归"。我的候车亭设计由于周围欧风建筑充斥，为与环境融洽，设计成为欧式古典风格，略带乡村样式，展现出些许怀旧意味，以为忙碌的城市人提供在候车时"慢下来"的心境。我认为设计是表现的目的，表现为设计所派生，脱离设计谈表现，表现便成了无源之水、无本之木。成熟的设计伴随着表现而产生，两者相辅相成、互为因果。作为艺术设计院校的学生，必须不断从设计理念、设计创意以及效果表现等几方面努力，才能成为合格的设计师。

图4-66 候车亭设计·景观设计专业·李欣潞

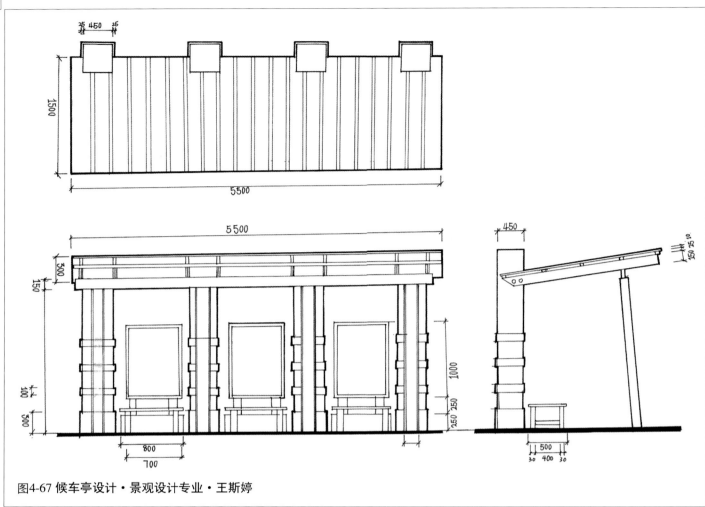

图4-67 候车亭设计·景观设计专业·王斯婷

图4-68 候车亭设计·景观设计专业·刘冰

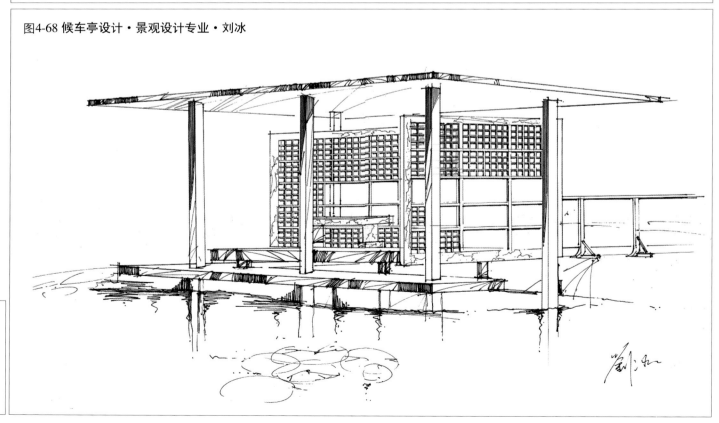

六、电话亭

图4-69 电话亭设计·景观设计专业·张钦

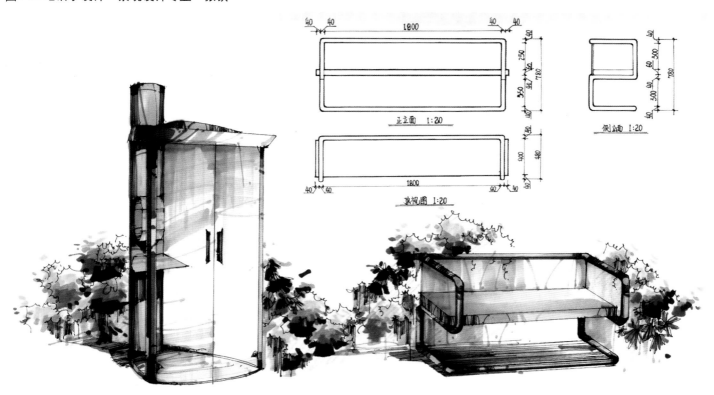

正立面 1:20

侧面 1:20

放视图 1:20

【学生体会】

在进行这个电话亭方案设计期间，我偶然在街头发现当公共电话正在被使用的时候其他人只能站着等候，虽然这种现象在当今手机充斥的年代只是个别现象，但我想是否也应为那些等候的人考虑呢？所以我将休息座凳也考虑进设计中，使其作为一个整体出现在景观中，同时在二者的造型和色彩等方面力求统一。

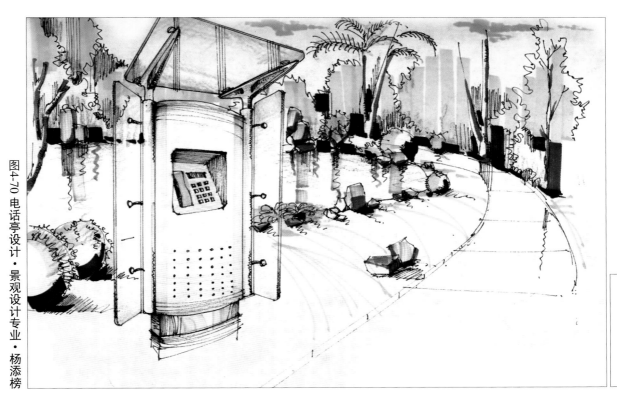

图4-70 电话亭设计·景观设计专业·杨添榜

图4-71 电话亭设计·景观设计专业·宋雅春

【学生体会】

　　手绘表现是把握设计对象的空间、形态、材质、色彩特征的体验过程，是感受形态的尺度与比例、材质的特征与表象、色彩的统一与丰富的有效方法，是在设计理性、直觉感悟、艺术表现的嬗变过程中对创意方案的美学释义。对于艺术设计院校的学生来说，手绘表现相对来说是强项，但是我感受到景观设计不仅仅是画漂亮的画，还应在设计创意方面下功夫，两者密不可分，缺一不可。我在构思此电话亭的形态、材质、与环境的融合等内容的同时，严谨推敲了各部分的尺度，力求最佳地满足人们的使用需求。

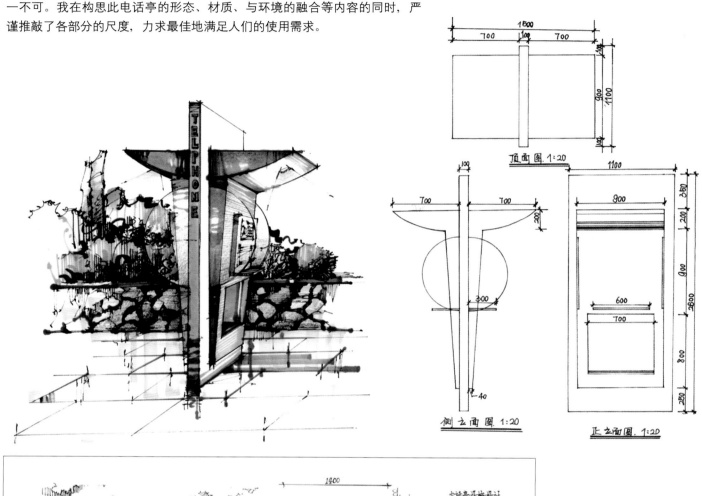

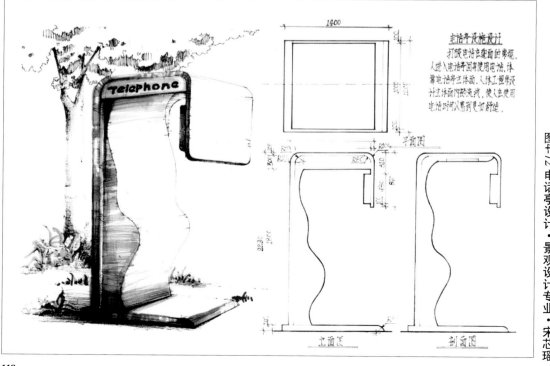

图4-72 电话亭设计·景观设计专业·宋芯瑶

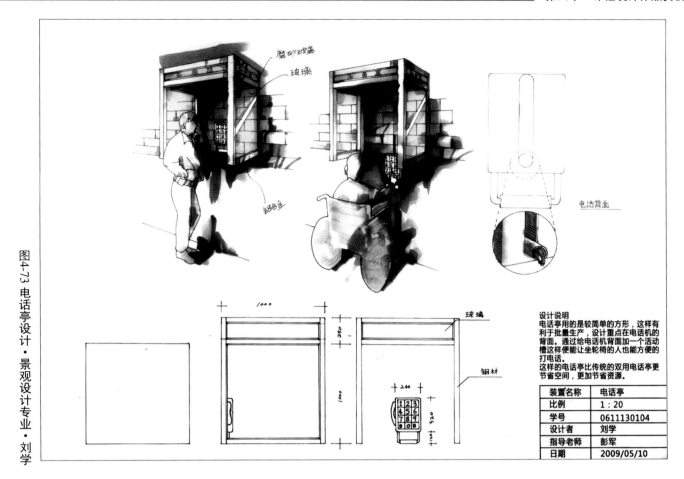

装置名称	电话亭
比　例	1：20
学　号	0611130104
设计者	刘学
指导老师	彭军
日　期	2009/05/10

图4-73 电话亭设计·景观设计专业·刘学

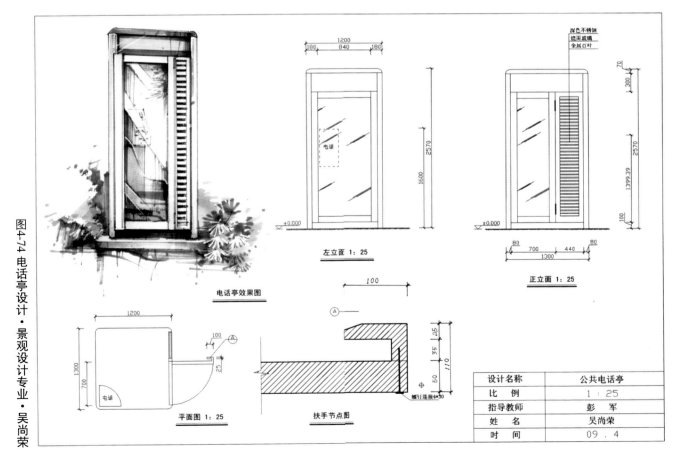

设计名称	公共电话亭
比　例	1：25
指导教师	彭　军
姓　名	吴尚荣
时　间	09．4

图4-74 电话亭设计·景观设计专业·吴尚荣

七、垃圾箱

图4-75 垃圾箱设计·景观设计专业·田帅

【教师点评】

　　垃圾箱虽小，但其艺术化的设计从一个侧面体现了城市的精神品质，人们在关注垃圾箱的外在形态、材料质感的同时，也注意到了它的实用性。特别是在对垃圾进行无公害处理和再利用的要求下，对垃圾的分类收集日渐重要，世界上很多国家早已实现了对垃圾分类收集。本方案的突出之处在于形态、色彩、功能的完美结合。垃圾箱的红、蓝、黄三色分别代表有害垃圾、可回收物和其他垃圾，用色醒目亮丽。尺度错落有致，统一中求变化。上方的遮雨罩采用曲面形式带来了一丝灵动之感，拉近了与人的距离。该作品图面表现重点突出，落笔肯定，道牙的深色起到了稳重画面的作用，绿化背景对主体也起到了很好的衬托作用。

图4-76 垃圾箱设计·景观设计专业·王斯婷

【教师点评】

　　现代城市景观中垃圾桶的使用是社会发展的必然现象，也是人类文明的体现，垃圾箱的合理设置与创意性设计会使城市公共环境的服务功能更为完善。本方案的突出之处在于充分考虑使用功能，下面的曲线形栅栏保护了垃圾箱箱体免受磕碰；倾斜的开口方便人们投入垃圾；顶端还特地设计了烟灰缸，一定程度上改善了市民乱扔烟蒂的陋习。这些细节的处理均体现了设计者的良苦用心，真正从使用者的角度出发，从营造洁净的城市环境着手，给城市增添一道特别的风景线。

　　图4-77 垃圾箱设计·景观设计专业·杨添榜

图4-78 垃圾箱设计·景观设计专业·王斯婷

【教师点评】

　　随着人们对户外生活品质的不断追求，垃圾箱早已不仅是也不应该是单纯投放垃圾的设施，人们越来越重视它在城市环境中的美化作用，理应设计出与环境相适应的垃圾箱。本设计方案以弯曲的圆柱为创意主题，有很强的形式感，突出了垃圾桶对环境的装饰作用，又不失其使用功能。投放口的角度设置符合人体工程学，三种色彩增加了视觉变化，同时考虑了垃圾投放的分类。

图4-79 垃圾箱设计·室内设计专业·黄思达

图4-80 垃圾箱设计·景观设计专业·田帅

【教师点评】

　　不可否认，现代城市中垃圾箱的样式应融入所放置的环境中（包括自然环境和人文环境），这个以仿木混凝土、铸铁为主材制成的垃圾箱不仅可以节省成本，而且非常牢固，更能经受日晒雨淋。其样式不仅与周边的西洋古典环境结合得非常适宜，而且还突出了场地的功能性，给人以怀旧的意趣。此外，上部的投放标识明确了其功能，多向投入口的设置方便了从各方向来的游人。设置这样一个与周围环境相协调的园林设施，让人不由得佩服设计者的匠心独具。

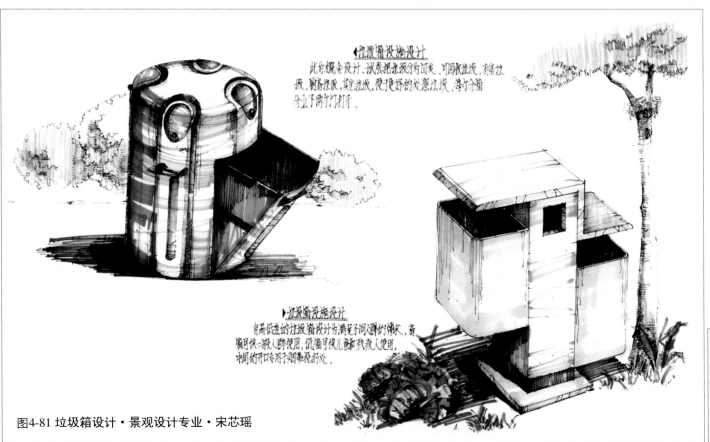

图4-81 垃圾箱设计·景观设计专业·宋芯瑶

图4-82 垃圾箱设计·景观设计专业·宋雅春

【学生体会】

　　城市公共垃圾箱的设计最主要的应是突出它收集垃圾、净化环境的作用。我认为应该重点考虑它在城市环境中大量使用的实际状况，最大限度地降低制造成本。同时根据场地垃圾实际投放量的区别，自由方便地对垃圾箱进行组合。我将此垃圾箱的平面做成了正六边形，其中三个边为直线，另外三个边做成内凹的弧形，间隔排列，这样的好处是能兼顾组合的方便和组合形状的美观。而且每个单体都完全一样，最大限度地降低了制造成本。

图4-83 垃圾箱设计·景观设计专业·田帅

图4-84 垃圾箱设计·景观设计专业·王斯婷

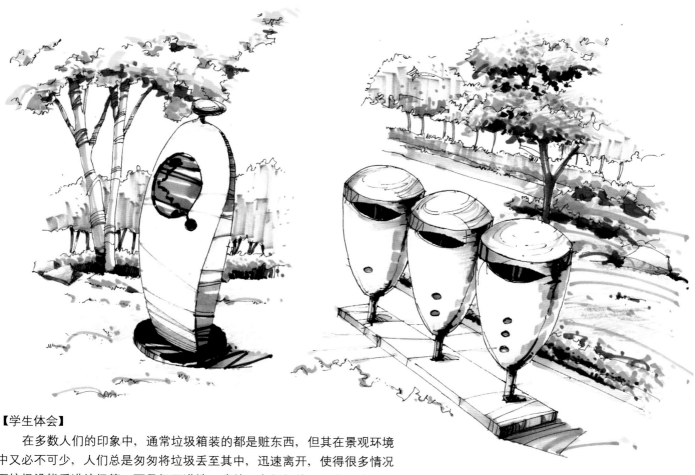

【学生体会】

在多数人们的印象中，通常垃圾箱装的都是赃东西，但其在景观环境中又必不可少，人们总是匆匆将垃圾丢至其中，迅速离开，使得很多情况下垃圾没能丢进垃圾箱，而是扔了满地。我就思考如何使人们在丢垃圾的过程中的步伐、动作慢下来。于是我将设计重点放在形体的塑造上，力求将垃圾箱也做成景致。此设计采用了曲面形式，极富现代气息，放在街头惹人喜爱，从而使人们能从容地将垃圾准确丢进投放口。但是指导老师提出这样存在着制作成本高、不耐用等问题，这是我在设计中思考不完整的体现，我会在今后的学习中多加注意。

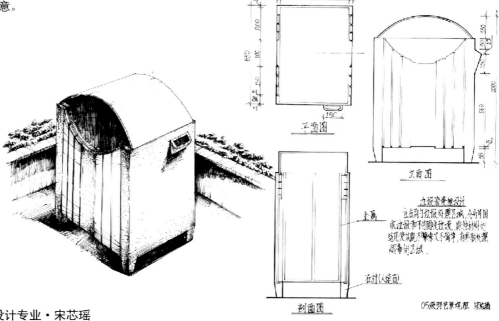

图4-85 垃圾箱设计·景观设计专业·宋芯瑶

图4-86 垃圾箱设计·景观设计专业·张钦

图4-87 垃圾箱设计·景观设计专业·李函静

八、系列设施

图4-88 系列设施设计·景观设计专业·王东营

【教师点评】

　　城市公共设施是构成城市环境的主要内容，应充分考虑到它们的物质使用功能和精神功能的作用，提高其整体的艺术性，展现出城市特有的人文精神与艺术内涵。本方案为一个宣传栏的设计创意，红色的遮阳棚欢快、明朗，引人注目，同时起到了为阅读者提供遮阳、避雨的作用。两侧设置有玻璃格挡，能起到遮挡风沙、暗示空间的作用，其透明材质可以减弱封闭感。该学生很重视创意的产生与方案的表达，从设计草图到各立面的尺度、材质推敲以及最终的表达，阶段性明显，设计程序很完整。

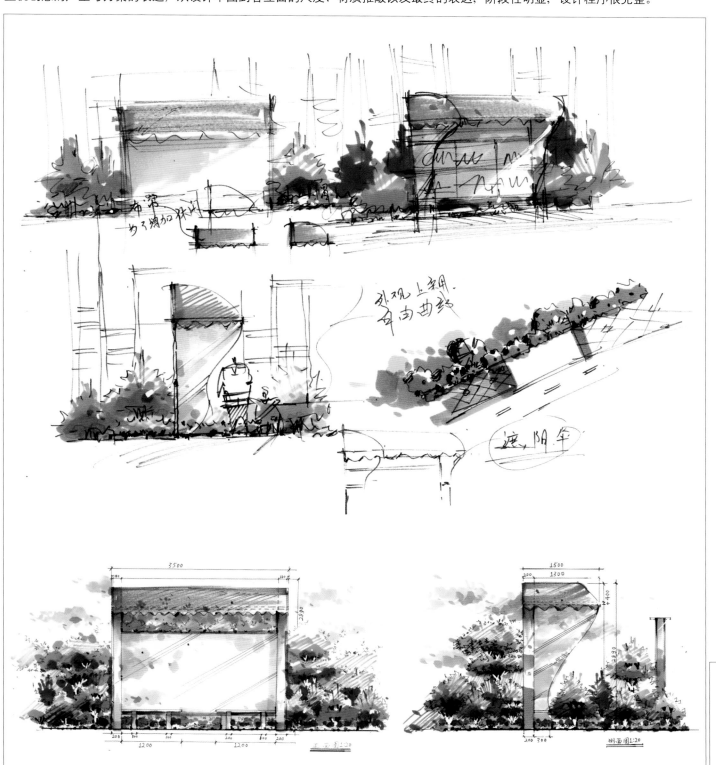

城市设施系列设计之

8号社区

1

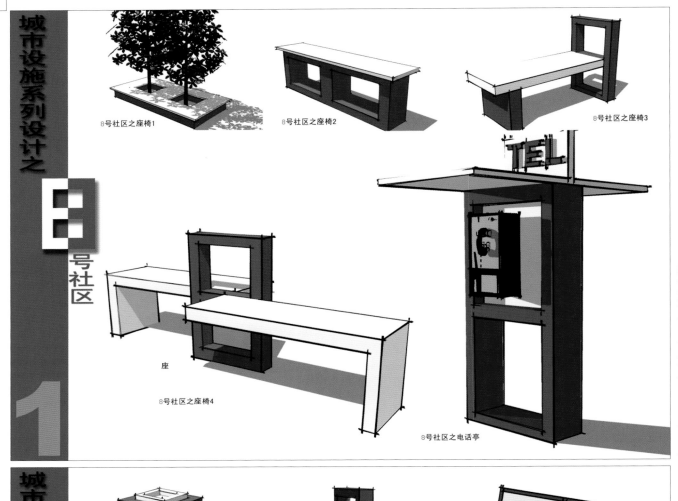

8号社区之座椅1

8号社区之座椅2

8号社区之座椅3

座

8号社区之座椅4

8号社区之电话亭

图4-89 系列设施设计 • 景观设计专业 • 徐小凡

城市设施系列设计之

8号社区

2

8号社区之垃圾桶1

8号社区之垃圾桶2

8号社区之座椅5

8号社区之自行车停放架

设计说明

本系列设计以数字8为元素，采用了彩色钢材、彩色塑料等材料。其中自行车存放架采用投币以及密码锁的方式，为小区居民提供了便利。

图4-90 系列设施设计 • 景观设计专业 • 徐小凡

九、大门

图4-91 某酒店院区入口大门设计

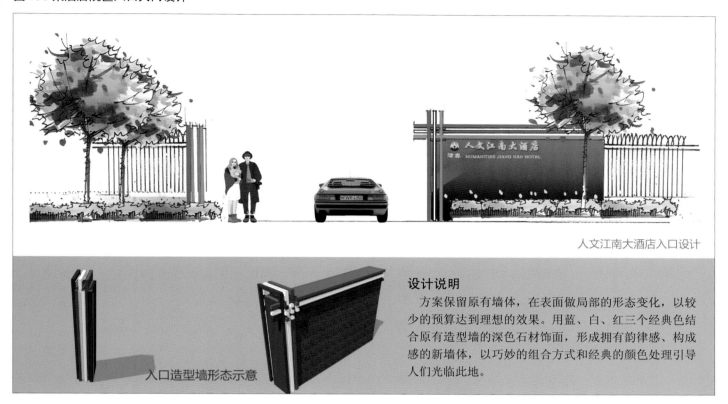

人文江南大酒店入口设计

入口造型墙形态示意

设计说明

方案保留原有墙体，在表面做局部的形态变化，以较少的预算达到理想的效果。用蓝、白、红三个经典色结合原有造型墙的深色石材饰面，形成拥有韵律感、构成感的新墙体，以巧妙的组合方式和经典的颜色处理引导人们光临此地。

图4-92 某创意产业园入口大门设计之一

【教师点评】

这是某创意产业园入口大门设计，采用序列设计的形式，形成了构成感很强、简练的造型，很好地诠释了高科技产业园的内涵形象。

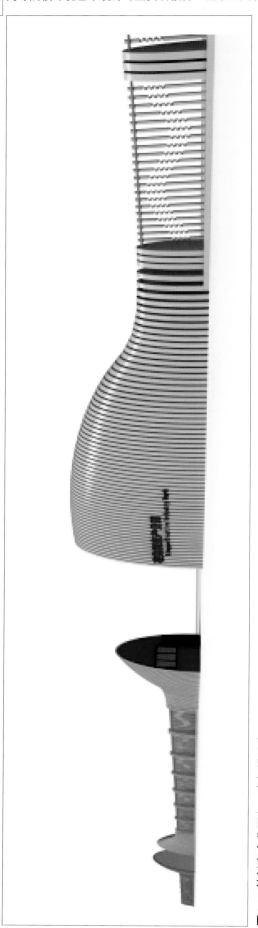

图4-93 某创意产业园入口大门设计之一

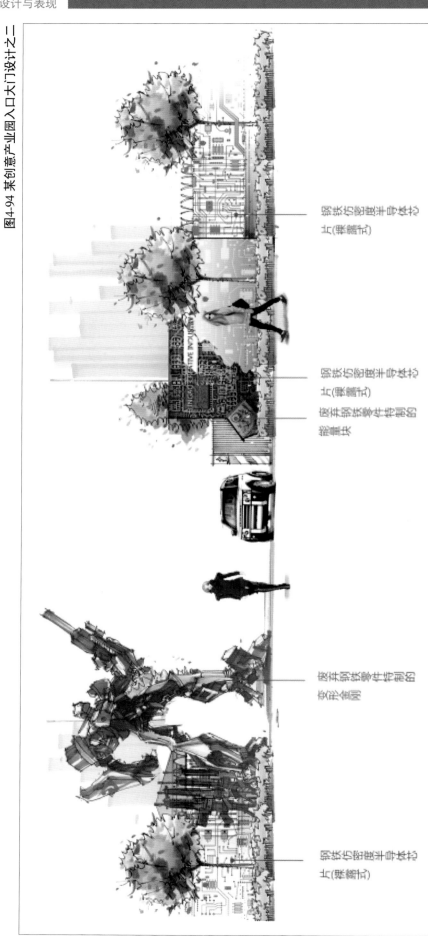

图4-94 某创意产业园入口大门设计之二

钢铁仿钢雕半身体抬土(联帽式)

钢铁仿钢雕半身体抬土(联帽式)

废弃钢铁零件构制的摩车具

废弃钢铁零件构制的变形金刚

钢铁仿钢雕半身体抬土(联帽式)

十、多功能设施设计实例

现代城市的不断发展，以往报刊亭、电话亭等公共设施单一的功能已经不能满足人们的使用要求，且随着互联网等信息技术渗透到城市生活的各个领域，人们迫切需求一种便捷、多功能、信息化的服务设施。其服务功能包括营养早餐、报刊销售、阅览，银行自助存取款，水电费、煤气费、手机费等自助缴费、免费无线上网及城市道路交通、旅游、居民信息等电子查询，手机、电动车自动充电，公用电话等。

图4-95 案例一：信息化便民综合服务岛之一

【教师点评】

本方案兼具实用美观，采用蓝、黄、灰三色轻型钢管建构，在耐久、易清洁的同时，具有较好的艺术形象，能够成为彰显城市发展活力的靓丽景观。着重考虑标准化设计，采用标准化便捷性组装，钢管及其连接件的架构有利于现场安装及后期的移动，在节约成本的同时彰显了快捷高效的现代气息。采用半开敞式结构，较好地缓解了封闭空间内功能单元叠加造成的滞留拥堵现象。而开阔的视野及邻近式的功能布置，更为在此等候充电或是公交的民众提供了购买餐点及阅览书报的贴心服务。在功能单元的合理分合方案中，将食品售卖与报刊销售功能单元合并，在节约人力的同时扩大了工作人员的活动区域；又将城市信息查询、缴费、公用电话与充电功能单元分而置之，很好地缓解了因等候时间不同造成的人员滞留和拥堵的状况。

效果图1

效果图2

效果图3

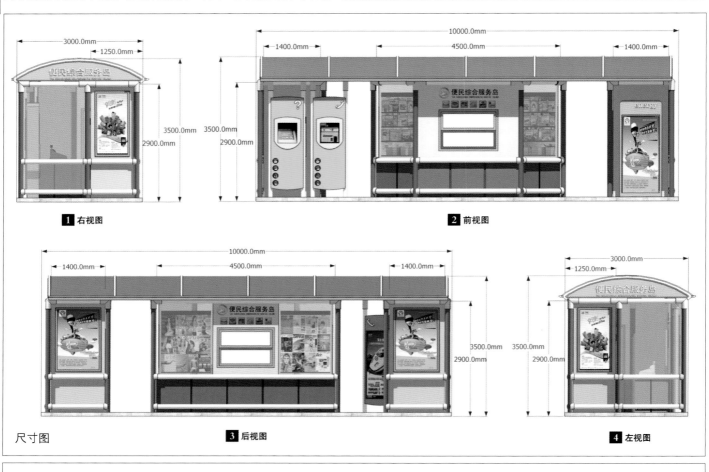

尺寸图

1 右视图　　**2** 前视图　　**3** 后视图　　**4** 左视图

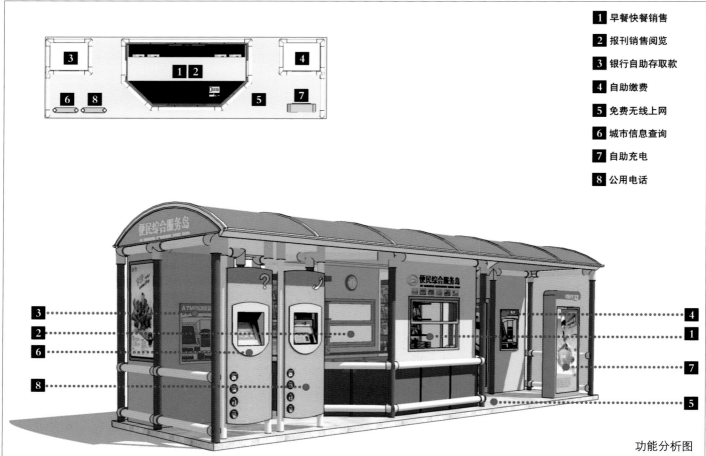

1 早餐快餐销售

2 报刊销售阅览

3 银行自助存取款

4 自助缴费

5 免费无线上网

6 城市信息查询

7 自助充电

8 公用电话

功能分析图

图4-96 案例二：信息化便民综合服务岛之二

【教师点评】

　　此方案为钢框架结构，易于拆解与组装。设计结合地域的古建形态，通过现代钢结构来呈现古朴的格调。采用内外嵌套式结构，内层结构体具有承重、保温隔热等功能，外层结构体具有装饰、安装广告设备等功能。与此同时，内外嵌套结构很好地解决了保温隔热的问题，并充分考虑残疾人群的使用需求，设置了无障碍坡道、无障碍电动门及开门器、盲文信息及语音帮助系统。

效果图1

效果图2　　　　　　　　　　　　　　　　　　　　效果图3

功能分析及尺寸图

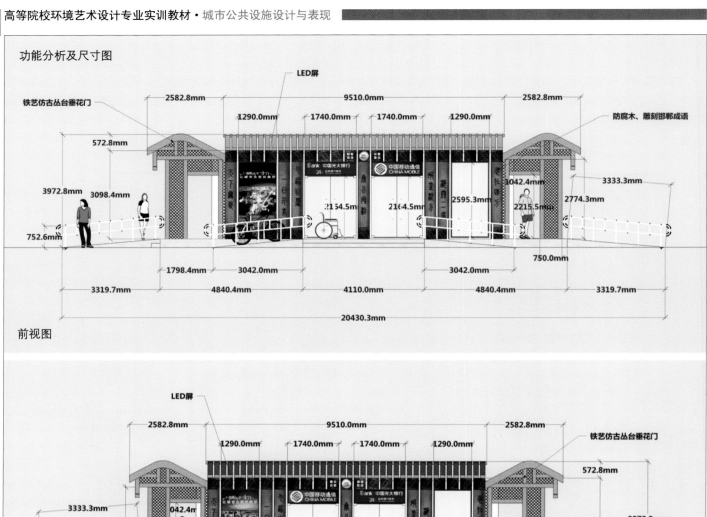

前视图

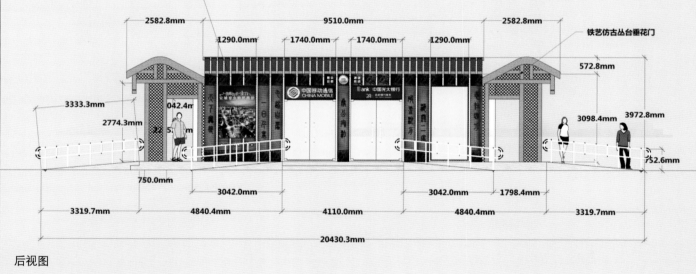

后视图

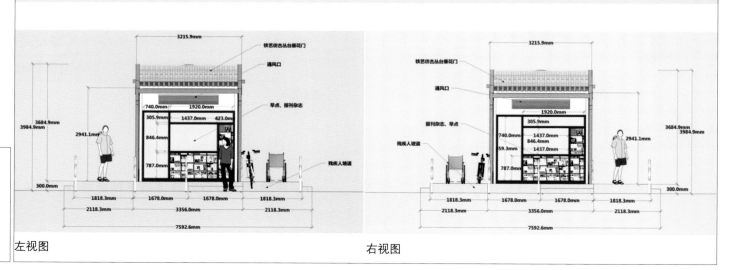

左视图   右视图

图4-97 案例三：信息化便民综合服务岛之三

【教师点评】

　　该方案设计大胆创新，利用不同的色彩搭配向消费者展示了不同的功能服务类型，可以使消费者清晰方便地了解设施所提供服务的内容，非常人性化。在满足装饰、广告灯箱等功能需求的同时，充分考虑了现有报刊亭、售卖亭的功能，尽可能提供舒适的环境，并满足结构承重、保温隔热等硬性要求。该设计作品外形简洁大气，采用新现代主义的构成语汇，其裸露的结构，简洁的商业化空间，高贵大气的白色调，高雅而舒适的空间结构，营造出了温馨的氛围。

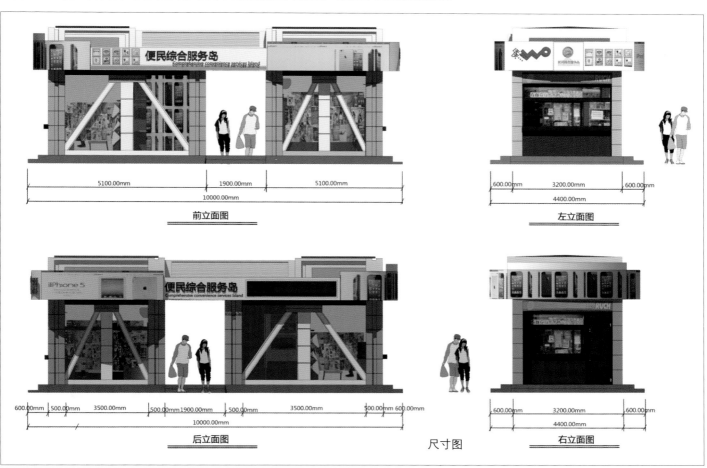

效果图

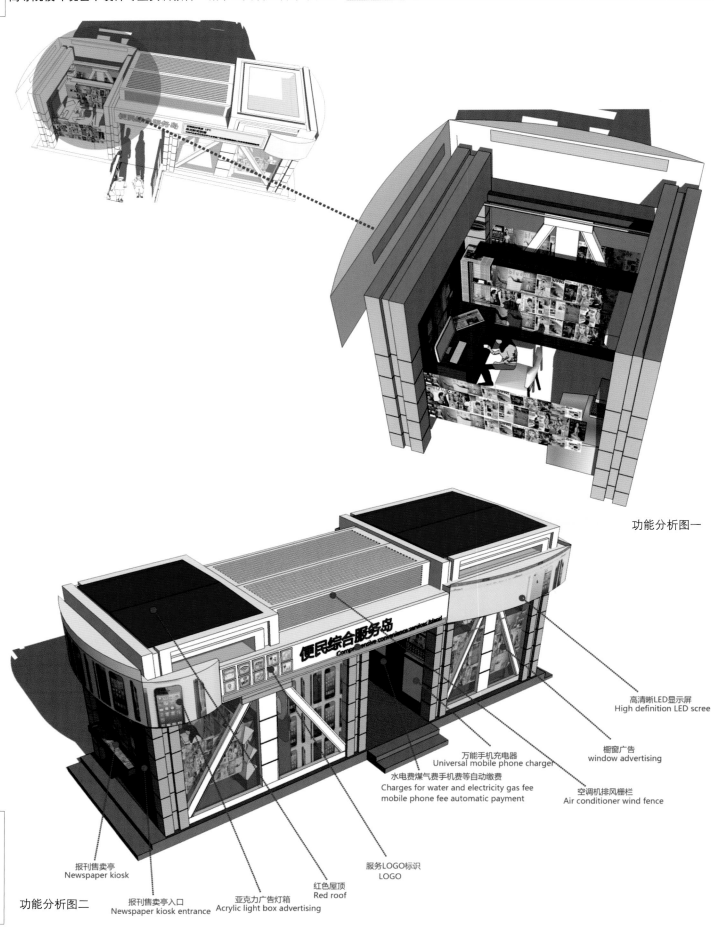

功能分析图一

高清晰LED显示屏
High definition LED scree

橱窗广告
window advertising

空调机排风栅栏
Air conditioner wind fence

万能手机充电器
Universal mobile phone charger

水电费煤气费手机费等自动缴费
Charges for water and electricity gas fee
mobile phone fee automatic payment

服务LOGO标识
LOGO

红色屋顶
Red roof

亚克力广告灯箱
Acrylic light box advertising

报刊售卖亭入口
Newspaper kiosk entrance

报刊售卖亭
Newspaper kiosk

功能分析图二

图4-98 案例四：信息化便民综合服务岛之四

【教师点评】

　　该方案采用了不同色彩的铝板，非常有现代感，给人带来了清洁舒爽的感受，也为北方城市的冬季和夜晚增加一道了靓丽的风景。其流线型的外观流动感很强，具有较强的现代工业科技感，给人耳目一新的视觉感受。

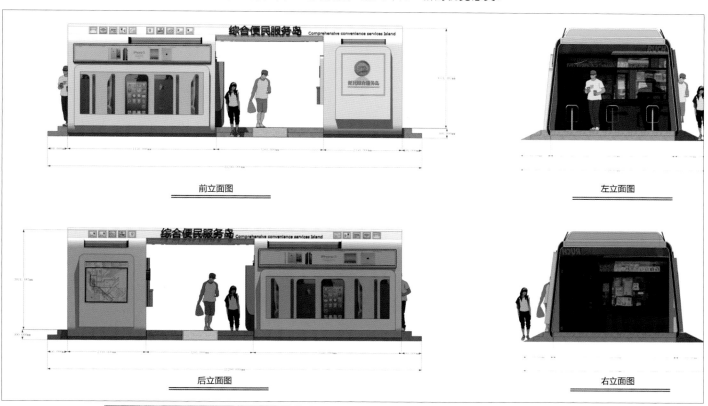

前立面图　　　　　　　　　　　　　　　　左立面图

后立面图　　　　　　　　　　　　　　　　右立面图

尺寸图

效果图1

效果图2

功能分析图一

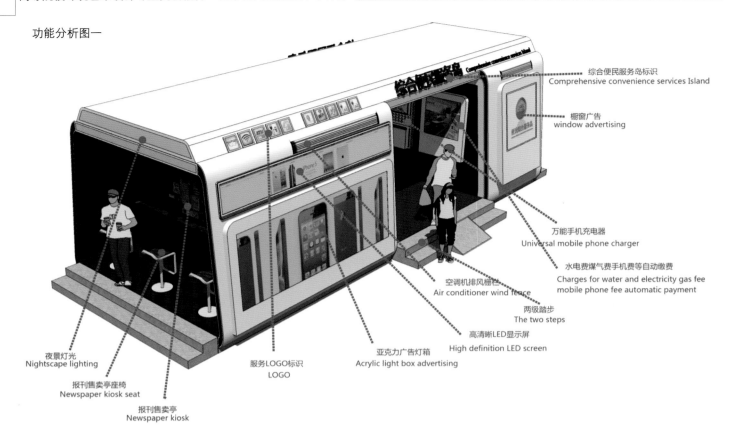

综合便民服务岛标识
Comprehensive convenience services Island

橱窗广告
window advertising

万能手机充电器
Universal mobile phone charger

水电费煤气费手机费等自动缴费
Charges for water and electricity gas fee
mobile phone fee automatic payment

两级踏步
The two steps

高清晰LED显示屏
High definition LED screen

空调机排风栅栏
Air conditioner wind fence

亚克力广告灯箱
Acrylic light box advertising

服务LOGO标识
LOGO

夜景灯光
Nightscape lighting

报刊售卖亭座椅
Newspaper kiosk seat

报刊售卖亭
Newspaper kiosk

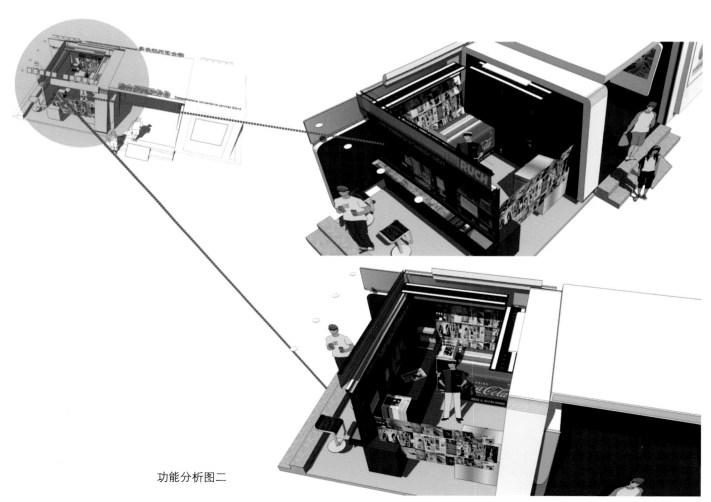

功能分析图二

图4-99 案例五：信息化便民综合服务岛之五

【教师点评】

　　该方案采用浅灰色轻型钢材，耐久且易清洁，同时具有较好的艺术形态，能够成为彰显城市现代感的靓丽景致。开阔的视野及邻近式的功能布局，可以为在此等候充电或者公交的民众提供购买餐点及阅览书报的贴心服务。顶端设置了LED滚动屏幕，能及时发布时间、天气状况等，为外出的民众提供了出行信息。

效果图1

效果图2

尺寸图

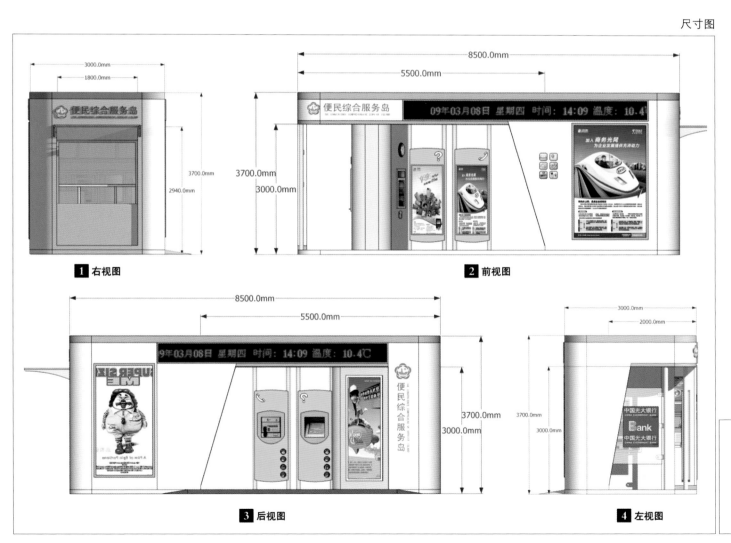

1 右视图　　　　**2** 前视图

3 后视图　　　　**4** 左视图

效果图3

功能分析图

1 早餐快餐销售

2 报刊销售阅览

3 银行自助存取款

4 人工缴费

5 免费无线上网

6 城市信息查询

7 自助充电

8 公用电话